Best Time

白 马 时 光

夜观天象

古人观星实录

刘茜 著

天津出版传媒集团

百花文艺出版社

图书在版编目（CIP）数据

夜观天象 : 古人观星实录 / 刘茜著 . — 天津 : 百
花文艺出版社 , 2024.4
ISBN 978-7-5306-8631-7

Ⅰ . ①夜… Ⅱ . ①刘… Ⅲ . ①天文学史－中国－古代
－普及读物 Ⅳ . ① P1-092

中国国家版本馆 CIP 数据核字 (2023) 第 153945 号

夜观天象：古人观星实录

YE GUAN TIANXIANG: GUREN GUAN XING SHILU

刘茜　著

出 版 人：薛印胜
责任编辑：胡晓童　宋春悦
特约策划：中广影音
特约编辑：梁　霞　马春曦
营销编辑：王　荃
封面设计：郑力珲
有声支持：张　杰
出版发行：百花文艺出版社
地址：天津市和平区西康路 35 号　邮编：300051
电话传真：+86-22-23332651（发行部）
　　　　　+86-22-23332656（总编室）
　　　　　+86-22-23332478（邮购部）
网址：http://www.baihuawenyi.com
印刷：天津融正印刷有限公司
开本：880 毫米 × 1230 毫米　　1/32
字数：140 千字
印张：7.5
版次：2024 年 4 月第 1 版
印次：2024 年 4 月第 1 次印刷
定价：79.80 元

如有印装质量问题，请与天津融正印刷有限公司联系调换
地址：天津市武清区森森道东 A2 门
电话：022-29353509
邮编：301707

导　言

　　2019 年热映的国产电影《流浪地球》获得了国内史无前例的高票房。此外，来自宇宙深处的高频脉冲信号，还有黑洞被拍下的第一张照片，也让更多的人对地球以外的宇宙空间产生了兴趣。人们纷纷抬起头仰望苍穹，一边感慨着人类的渺小，一边感叹着宇宙的浩瀚，像哲学家那样开始思考世界。但是，你知道吗？这样的事，早在几千年前，我们的祖先就已经做了。

　　在这本书里，我们就来看看中国古代天文学的那些事。太阳和星空在古人的世界里有着极高的地位，它们指引着人们确定方向、测量时节，人们还用它们来占卜吉凶、治理国家，一次奇特的天象甚至可以导致许多人死亡。在漫长的演变过程中，发生过很多故事，出现过很多人物，形成了很多习俗，其中一些至今我们还非常熟悉，不过很少会意识到，它们其实都跟天文学有关。

比如，夸父追日的故事，连小孩子都知道，可是夸父为什么要追逐太阳呢？当你知道了他的真实职业，就会觉得顺理成章了。

再比如，牛郎织女的故事，现在被商家包装成了"七夕情人节"，但在古代他们曾经被认为非常不吉利，还有人建议人们不要在牛郎织女相会的日子结婚。

又比如，年节时候的龙灯队伍，常常安排一颗"龙珠"被两条龙争抢，这颗"二龙戏珠"的龙珠，其实是天上一颗星星的化身。而"龙"这个字最初的甲骨文写法，形状跟某一个古代星座的连线一模一样。

有些关于星星的词语，至今还留在我们的日常用语中。比如"珠联璧合"，它最初其实是用来形容一种天象；又比如"招摇过市"，原本和北斗七星的图像有关。

《三国演义》里诸葛亮在为自己延长寿命的时候，为何点起了北斗七星灯？

历史上还真的有一个我们熟知的人物，坚信北斗星能保自己不死，在生死攸关的时候还坐在星盘旁边，他又是谁呢？

孔子在一生中，从来没有见过能指示正北方的北极星，这又是为什么呢？

你们可能已经留意到，每过 19 年，自己的阴历生日和阳历生日就会重合到一天，这是为什么？

有的朋友在平常生活中喜欢聊"星座"，其实西方的十二星座在中国古代也有对应的相似概念，而且星座与星座之间的分界点，其实就是我国传统的二十四节气。

玄幻小说里经常写到"斗柄北指""牛斗冲天狼""紫微星东移"这样的天象，它们真实存在吗？古人为什么会对它们进行各种可怕的解读呢？

而东方苍龙、西方白虎、南方朱雀、北方玄武在星空中又分别代表什么呢？它们真的位于东西南北四个方向吗？

历史上，曾经有人利用天象发起战争，也有人利用天象阻止了战争。在汉代，每发生某些天象，就得有一个高官辞职甚至掉脑袋。这一套把星空的变化"翻译"成指引人间的"密码"，究竟是怎么回事呢？

面对这么多疑问，是时候让中国古代天文学出来接招了，它就像一位幕后英雄，在各种故事和传说中出没，虽然现在的人们已经对它不甚了解，但中国古代天文学的痕迹已经深深印在了我们的基因里，渗透在源远流长的中华文明当中。

在本书中，北京天文馆的刘茜副研究员带我们穿越回古代，从远古时代的一根木棍讲起。这根木棍出现在各个时间、地点和故事中，成为种种神奇的模样。然后，我们一起动身到星空中，看看古人用各种星座搭建起来的万事万物一应俱全的星空帝国，再来看看它是怎样和人世间的一切相映射的。懂一点儿古代天文学的知识，再懂一点儿以它为深层背景的文化，让你仰望星空的时候不再感到迷茫。

事不宜迟，让我们一起来穿越吧。

目　录

（清）徐扬《日月合璧五星联珠图》（局部），藏于台北故宫博物院

这幅图描绘的是乾隆二十六年（1761）大年初一这一天天空出现"日月同升，五星联珠"的罕见天象，预示着即将开启"海宇晏安，年谷顺成"的新一年，表达了"天人合一"的中国传统观念。

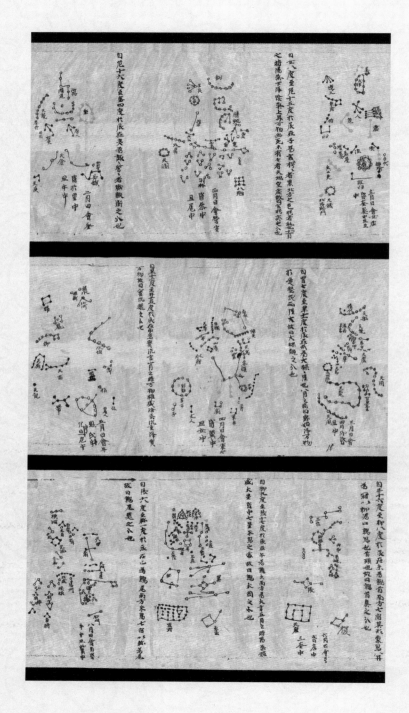

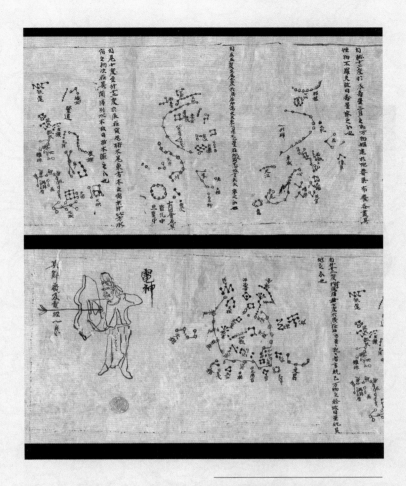

《敦煌星图（甲本）》约绘于唐中宗时期，藏于伦敦大英博物馆

《敦煌星图》从十二月开始，按照每月太阳位置沿黄、赤道带分十二段，先把紫微垣以南诸星用类似墨卡托圆筒投影的方法画出，再将紫微垣画在以北极为中心的圆形平面投影上。全图按圆圈、黑点和圆圈涂黄三种方式绘出一千三百五十多颗星。

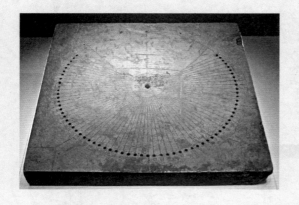

托克托汉代日晷，拍摄者 BabelStone

故宫赤道式日晷

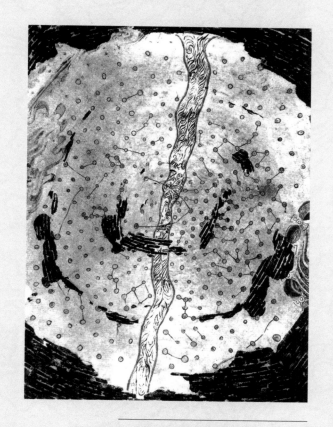

北魏元乂墓墓室顶部星象图

图中间绘有一条弯曲的银河，横贯南北。用红线画出银河边缘，银河中绘有淡蓝色波纹。银河东西两侧绘制星辰三百余颗，若干星座用连线标明，绝大多数星宿可辨识。据天文学家研究，这幅天象图可能是对照当时的实际星空绘制的，它反映的是农历正月或七月的夜空。

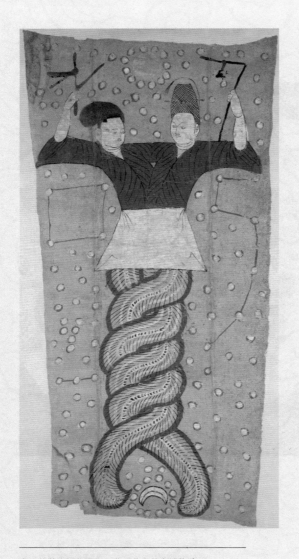

唐《伏羲女娲像页》，藏于北京故宫博物院

画上伏羲居左，手执矩；女娲居右，手执规。规是圆的，象征天；矩为方，象征地，规矩就象征着天圆地方。绢画上方有日，下方有月，周围布满丝缕相连的星辰。

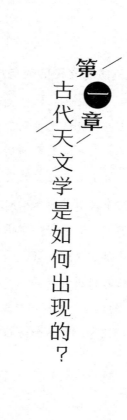

第一章

古代天文学是如何出现的？

古代为什么不能靠北极星确定方向？

在相当长的一段历史时期里，在天空的北极点上方，并没有足够明亮的恒星。在孔子、孟子、秦始皇的时代，他们看到的天空中没有北极星的存在。现在我们看到有一颗离北极非常近的北极星，这其实是很少见的情况，而且即便如此，现在的北极星和真正的北天极也还有将近1°的偏差。所以北极星只能告诉我们大致的北方，精确的方位还得靠太阳来确定。

01 . 古代天文学是如何出现的？

古人为了判断时间，辨认方向，观察"物候"和"天象"，从而产生了最早的天文学。

现在一提起天文学，很多人可能都觉得很有距离感。一方面，我们大部分人在生活中很少认识搞天文的人，完全不知道天文学家每天都在研究什么，感觉非常神秘；另一方面，看到各种天文方面的报道，例如两颗中子星互相绕着转发射的引力波、几十亿光年之外的强大辐射源等，看上去似乎很有趣，但是跟我们的日常生活好像没什么关系。天上的东西离我们太远了，除非像恐龙遇到的那种小行星撞上地球，或者像之前热映成为话题的电影《流浪地球》那样，太阳出了什么事，才会影响到我们普通人。当然这种事最好不要出现，一旦出现天文级别的大事，那么普通人的命运就完全不由自己把握了。

似乎，天文学对于现代人来说，并不是

一门必修的学问。即使你从来没有关心过天文学，也不影响正常生活，但如果你对天文学知识有所了解，就会发现，其实我们的生活当中，不管是习俗还是更深层的文化，到处都是先人对天象研究留下的痕迹。那么跟我们息息相关的古代天文学，它最初是怎么出现的呢？

在古代，特别是人类文明早期，天空就是唯一的授时工具，要知道关于时间的任何信息，必须懂得阅读天空。

想象一下，如果一个现代人身上没有带手表、指南针，也没带智能手机，不小心来到荒郊野外，要怎么判断时间、辨认方向？要是倒霉一点儿，像鲁滨孙那样漂流到荒岛上好多年，又怎么能知道到了什么季节，什么时候该把种子播下去，什么时候开始准备过冬呢？

基本上，这种情况就是上古的人们面临的日常生活。最初的人们没有任何计时工具，只能仔细观察周围环境的变化，根据经验来判断时间。环境的变化包括周围的生物，也就是花草树木、鸟兽鱼虫的变化，利用动植物的生物钟，到了什么季节会出现什么现象，这就是"物候"；也包括天上的星星和太阳的移动，这是古人在大自然中能够看到的最稳定、最可靠的连续运动的物体，过了多长时间，它们会移动到哪个位置，这就是"天象"。

人们最早掌握的历法，是把物候和天象结合起来的产物。这种原始的历法提供的信息很有限，只能很粗略地判断到了一年里的什么时候，该干什么活儿了，跟我们现在熟悉的日历不是一回事。比如我国现存最早的历法文献《夏小正》，格式就是每个月记录有什么自然现象，该干什么事，天上的星星是什么模样。

慢慢地，人们发现物候每年总会有点儿偏差，没准会来一个倒春寒或者小阳春什么的，总体来说不如天象靠得住。而且"天行有常，不为尧存，不为桀亡"，没有什么事情能改变天象的运转，这种神秘又庞大的力量，也让人敬畏。于是后来的历法就完全依赖天文学，"观天象以授民时"成为天文学的主要任务之一。

另一个主要任务是什么呢？就是"观天象以定吉凶"。因为天是那么神秘威严，不言不语地指导着人们生活中的一切事务，那它的意志当然也是不可违背的。不仅是中国，在其他各个古代文明中，天文学都是最早出现的学问，也都同时承担了授时和占卜的两大功能。

不过，不管是为了授时还是占卜，都必须熟悉星空，仔细观察和记录星空中的一切变化，这是古代天文学家的基本能力。

明末清初的大思想家顾炎武说："三代以上，人人皆知天文。"上古的先民人人都知道天文知识，不是因为那时候的人有多么热爱科学，而是因为不懂不行。

顾炎武举了四个例子：

第一个是"'七月流火',农夫之辞也",《诗经》里有一首诗叫《豳(bīn)风·七月》,开头第一句是"七月流火",后面都是一系列的物候变化对应月份和农活儿,顾炎武认为这是农夫们记忆农时的口诀。

第二个是"'三(shēn)星①在天',妇人之语也",这句诗同样出自《诗经》。《唐风·绸缪》里反复地吟唱着三星的位置。这首诗讲的是一场婚礼,新娘子从三星的位置来判断晚上的时间。

第三个是"'月离于毕',戍卒之作也",还是出自《诗经》,"月离于毕,俾(bǐ)滂沱矣",这是《小雅·渐渐之石》里的一句诗,顾炎武认为这首诗是戍守边疆的士兵的作品,士兵看到满月出现在二十八宿里的毕宿时,就知道雨季来临了。

顾炎武举的最后一个例子,是"'龙尾伏辰',儿童之谣也",这句出自《左传》。春秋时期晋国是大国,想要灭掉虞国和虢国两个小国,虞国离晋国近,虢国离晋国远。晋国于是就用财物贿赂虞国,希望借道去攻打虢国。虞国一看有财物可收,同时也不敢得罪晋国,立马敞开一条通道,让晋国的军队通过,然后很显然的,当晋国军队灭掉虢国返回的时候,虞国也就被灭了。这个故事贡献了两个著名的成语,那就是"假道伐虢"和"唇亡齿寒",同时也留下了一段神秘的童谣:

---

① 即参宿三星,我国民间称之为"福、禄、寿"三星。

丙之晨，龙尾伏辰。均服振振，取虢之旂（qí），鹑（chún）之贲贲，天策焞（tūn）焞，火中成军，虢公其奔。

这是一段神秘的预言诗，据说在晋国出兵之前几个月，就被街头巷尾的小孩子们莫名其妙地唱了出来，预言了在"龙尾伏辰"等天象出现的时候，虢国的君主就要被迫逃亡。当然历史上的童谣一向是有心人用来打宣传战的阵地，所谓的预言要么是事先造势，要么就是后人在记录的时候强行修改了时间。总之，这一段童谣被小孩子们毫不费力地学会了，还到处传唱，看来这些天象的词汇对小孩子来说也并不陌生。

顾炎武最后说，这些农夫、妇女、士兵、孩童都是普通人，都懂点儿天文学知识，"后世文人学士，有问之而茫然不知者矣"，后世的很多读书人却已经不了解这些知识了。确实是这样，不过并不是后世的知识退化了，而是当初需要求助于天象的，已经被越来越精确的历法和计时工具替代，后世的人不需要阅读天象，阅读历书和钟表刻度就可以了。

那么让我们想象一下，倘若我们穿越到了没有现成的历书和钟表的时代，手边只有最简陋的工具，又该怎么知道时间呢？

02 . 如何用一根木棍找到北？

将木棍竖在地上，在日出和日落时木棍影子的末端做好标记，将两点与木棍位置相连，形成等腰三角形，将底边的中点与木棍位置连接起来所形成的线段，指向就是正南正北。

假如我们穿越到了 4000 年前，手边没有任何现代物品，想要从零开始一段主角光环环绕的生涯，应该优先制作什么工具呢？我的建议是一根木棍，既可以当作防身武器（不管是对敌人还是对野兽，都有奇效），又可以当作科学工具——虽然不是为了撬动地球，不过也差不多。有了这根木棍之后，你就可以开始表演自己的与众不同，得到万众景仰，踏上"主角"之路了。

这根木棍当然必须是笔直的，那这根木棍在一个上古的天文学家手里能做什么事呢？比如，它可以告诉人们正确的方位。东、南、西、北四个方向，是由地球的自转方向所决定的，必须通过天文学的观测来确定。

很多人可能觉得，东、西、南、北这几个方向，南北先不说，东西有什么不好判定的呢？太阳升起来的方向就是东方，落下去的方向就是西方。这么说大体上也没错，不过，只要你每天在日出和日落的时候观察一下太阳，就会发现，太阳在地平线上出没的位置是慢慢变化的，每隔一段时间就会挪个地方。

对一个有现代历法知识的人来说，很容易明白，太阳每年只有两天才会从正东出来，到正西落下，这两天也就是春分和秋分，一般是在 3 月 21 日和 9 月 23 日。在其余日子里，从北半球看，过了春分，太阳每天都从东北方升起，在西北方落下，而且位置越来越偏北。一直到夏至这一天，一般是每年的 6 月 22 日前后，太阳来到最北的位置，再慢慢向南返回；过了秋分，太阳就每天都从东南方升起，在西南方落下，并且位置越来越偏南，直到冬至这一天，大约 12 月 22 日前后，来到最南的位置，再慢慢向北返回，这样周而复始。

我们现代人在日出日落的时候，不是在室内，就是在交通工具里，不太容易注意到这种变化，而古人日出而作，日落而息，每天目击太阳的出没，很自然就会发现这种位置的偏差。有一本很有名的古书叫《山海经》，里面记录了"日月所出之山"和"日月所入之山"，有学者认为，这是古人观察到了太阳和月亮在每年不同的季节和月份出没的位置不同，并且记录了下来，这是他们最原始的粗略判断月份的方法。

那么问题来了，既然太阳出没的方位每天都不一样，东和西这两个方向，应该怎么确定呢？

答案就在你手里的这根木棍上了。

我们先找一块平地，把木棍竖起来。注意地面必须是水平的，木棍也必须垂直于地面。这根竖立在平面上的棍子，学名叫"表"。

一切就绪，接下来就等日出了。日出的时候，阳光照在木棍上，在地面投下一道影子。如果是在春分之后这半年，太阳就从东北方升起，在西南方向投下一道影子；如果是在秋分之后这半年，太阳就从东南方升起，在西北方向投下一道影子。太阳的位置在一年里慢慢移动，影子的具体方向每天都有微小的变化，不过没关系，我们只需在日出时在影子的末端做一个标记。然后接下来，在同一天日落的时候，影子就来到了另一边，春分之后的半年，日落的影子指向东南方，秋分之后的半年，日落的影子指向东北方，我们也在影子的末端做一个标记。在同一天里，日出和日落时的影子长度相等，将两个影子末端的点与木棍的位置连接起来，就会形成一个等腰三角形。等腰三角形的底边这条线段，两端对应的方向，就是正东和正西的方向；找到底边的中点，把它和木棍的位置连接起来，就形成了线段，线段端点对应的就是正南和正北的方向。

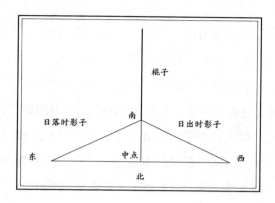

木棍测方向示意图

　　在一年里的每一天，只要不是阴天下雨，都能用这个方法测定方向。日出和日落时的两道影子构成的这个等腰三角形，在一年里越靠近夏至和冬至的时候，顶角越小，越靠近春分和秋分的时候，顶角越大，到了春分和秋分当天，就被压扁成一道直线了。

　　这个方法记录在《周髀（ bì ）算经》里。《周髀算经》这本书，我们在数学课上学到勾股定理的时候都听说过。它名字里有一个计算的"算"字，很多人认为这是一本数学书，其实它主要还是一本天文学典籍，书中一直在讨论太阳位置和影子长度的变化。《周髀算经》的这个"髀"字，字面意思是人的大腿，实际上它代表的就是咱们竖起来的这根木棍，也就是"勾股定理"里的"股"。上古时人们观察影子，最直观的是自己站立时的影子。后来用一根木棍代替了站立的人，但棍子的长度还是跟人的身高差不多，也就是所谓的"八尺之表"。所以在这里，用指代大腿的"髀"字和"股"字来代表它。

《周髀算经》里的这个方法，听起来很简单，不过实际操作起来有点儿困难。主要的问题是，在日出和日落的时候，阳光比较微弱，影子的轮廓很不清晰，不容易找到影子末端的确切位置。所以后来又有改进，以棍子的位置为圆心，在地面上画一个大圆。这样就不用标记影子的末端了，只要记录影子和圆周的交点。在日出的时候标记一下，在日落的时候再标记一下，连接起来，就能确定正东和正西的方向。

如果你能再多找两根木棍，还能把方位定得更精确一些。汉代的《淮南子》里记录了用三根木棍，也就是三个"表"来测定方位的办法。三根棍子里有一根是固定的，叫"定表"，位于一个大圆的圆心。另外两根不固定，叫"游表"，在圆周上移动。在日出的时候，调整第一根游表的位置，让它的影子和定表的影子处于同一条直线上；在日落的时候，调整第二根游表的位置，同样让它的影子和定表的影子处于同一直线上。这样，根据三根棍子的位置，就能得到东、西、南、北的精确定位。

用太阳的影子来定位，是古代测定方位的常用方法。可能很多人会觉得，就算东、西、南这三个方向不好确定，可是北是可以靠北极星来判断的。很遗憾，在很长的一段历史时期内，在天空中的北极这个点上，并没有足够明亮的恒星。在孔子、孟子、秦始皇的时代，人们看到的天空中没有北极星的存在。我们现在观测到有一颗离北极点非常近的北极星，这其实是很少见的情况，而且现在的北极星和真正的北天极还有将近 1° 的偏差。所以北极星只能告诉我们大致的北方，精确的方位还得靠太阳来确定。

现在，我们知道了怎么通过一根木棍，也就是竖立在地面上的这根"表"，观察日出和日落时的影子，来测定东、西、南、北四个方位。表的这个功能，后来被元代的大天文学家郭守敬设计成了"正方案"这种天文仪器。

03 . 如何用一根木棍判断时间？

木棍（即"表"）的影子会随着太阳移动发生变化，古人根据表影的转动来细分每天的时间，后发展成早期的计时装置 —— 日晷（guǐ）。

在阳光明媚的天气里，人们很容易观察到地面上"表"的影子在一天中随着太阳的移动发生的变化。影子就像钟表的时针一样，绕着表杆一直不停地慢慢移动，在不同的时间来到不同的位置。于是聪明的古人，就开始根据表影的转动来细分每天的时间，这种方法，后来发展成了早期的计时装置——日晷。

"晷"这个字的上面是一个"日"，下面是一个"既往不咎（jiù）"的"咎"字。"咎"这个字在甲骨文里，形象是一个人和一只上下颠倒的脚。这只反着的脚和这个人的形象放在阳光下，正好是一个人看着自己的影子，影子跟他正反相对。所以"晷"这个字本意就是影子。"日晷"这个词在以前既可以指阳光下的影子，又可以指利用影子的计时装置。

最简单的日晷，就是在地上笔直竖立一根杆子。古代军队搭建营盘的时候，一定会在军营里竖立一根柱子，用途之一就是让全营的人都能大致知道时间。在缺乏便携计时工具的时代，这是很实际的办法。远古人聚居的地方，也一定会有一根竖立的柱子，让人们能够大致统一一下时间。

简单插上一根杆子，可以观察到时间的流逝，不过缺点也很明显：冬天的影子长，夏天的影子短，差别太大。怎么办呢？办法就是让杆子，也就是这根"表"斜下来，指向天上的北极，这依赖于人们对北极的测定，在不同纬度，表的倾斜角度是不一样的。这样，就可以解决不同季节影子移动速度不一致导致没法使用刻度来把时间标准化的问题。这样的装置叫地平式日晷，水平的晷盘上插一根指向北天极的表，晷盘表面上有刻度，可以读取时间。

但是这种地平式日晷读取时间非常不准确。因为影子在水平面上的移动速度是不均匀的，变化规律很不直观，很难确切地知道影子到了哪儿是几点。要让一个地平式日晷足够准确，要么得有一块手表，对着时间标记刻度；要么就得掌握三角函数的知识，根据当地的地理纬度来作计算。对古人来说，这实在有点儿强人所难。

　　不过没关系，古人还有一招。让这根倾斜的表插在倾斜的晷盘上，表和晷盘互相垂直，表指向天上的北极。这样安装的日晷，像一只斜着支起来的盘子，晷盘平行于太阳每天的运行轨迹，所以晷盘上影子的移动速度就是均匀的。人们把圆周等分成几段，影子走过一段的时间就是一天的几分之一。

　　这种日晷因为晷盘平行于赤道面，所以叫赤道式日晷。我们平时见到的日晷，比如在故宫或者其他一些古建筑里摆放着的日晷，多数都是赤道式日晷。常见的是把晷盘的圆周平分成十二段，对应一天里的十二个时辰。不过也有例外，比如在内蒙古托克托县曾经出土一具汉代的日晷，现在保存在国家博物馆里，它的晷盘刻度就平分成了100格，这是因为汉代曾经把一昼夜分为100刻。当然这具日晷并没有把100个刻度全都刻出来，因为晚上是不可能有影子的，它的晷盘上只有69个刻度，从日出前三刻开始计算，也足够应付当地最长的白天了。

　　这具汉代的日晷晷盘只有单面有刻度，安装的时候，要把它斜着支起来，正面向北，背面向南，让垂直于晷盘的表针指向天上的北极。晷盘倾斜的角度在不同的地理纬度不一样，所以在一个地方安装好的日晷不能照搬到另一个地方。

　　我们之前提到过，春分和秋分时太阳从正东升起，在正西落下，其余时间，半年偏北，半年偏南。所以，单面的日晷存在一个问题，晷盘的正面是朝北的，在太阳偏北的半年里，阳光能够照射在晷盘正面，日晷可以正常使用，可是在太阳偏南的半年里，阳光只能照射在晷盘的背面，日晷的表针没法投下影子，当然也就没法读数。不过这难不倒古人。还记得我们在确定方位时，曾经使用的定表和游表吗？在这里，用一根小小的游表就能解决问题。沿着晷盘的刻度调整游表的位置，让晷针、游表和太阳圆面的中心在一条直线上，那么从游表所在的刻度，也就能读出当时的时刻了。当然，这个方法我们没有必要尝试。一是因为过程烦琐，而且在任何情况下我们都不提倡用肉眼直视太阳；二是因为我们还有更好的办法。

日晷通常被安装在一个有一定高度的底座上，让人不费劲就能看到晷盘的背面。这样做是有原因的，因为晷盘的正反两面都标上了刻度，晷针贯穿晷盘，在上方和下方各露出一截。于是，在春分之后，太阳偏北的半年，表针投影在晷盘的正面；在秋分之后，太阳偏南的半年，表针投影在晷盘的背面。一年里的大部分日子都能依靠表针的影子读出时间。这种日晷唯一的缺点，是在春分和秋分的时候，阳光刚好照射在晷盘的边沿上，不管是正面还是背面都读不出刻度。如果你看到一个日晷的表针从晷盘的下方伸出来一截，别担心，这不是日晷安装反了，标准的赤道式日晷就是这样设计的。

这个办法是南宋的曾南仲想出来的，他改进的这种日晷一直使用到了钟表普及之前。日晷作为一种计时工具还深深影

响了后世的钟表。钟表的这个"表"字，就是竖立在远古的
那根杆子在语言和文化中的遗迹，而钟表指针的转动方向，
也沿袭了日晷上影子转动的方向。

04. 如何用一根木棍测量一年的长度?

古人用圭表来测量记录一年中正午影子最长和最短的日期,分别称为"日南至"(冬至)和"日北至"(夏至),古人一开始用两个夏至之间的时间作为一年,后来又用两个冬至之间的时间作为一年。

最初,我们手里只有一根木棍。现在,我们除了这根竖立的木棍,也就是所谓的"八尺之表"之外,还有正东、正西、正南、正北四个方位的标记。加起来,就能干点儿别的事了。还能做什么事呢?我们可以来测一下一年的长度。

古人观察影子,除了方向的变化外,还很容易发现两件事:一是在一天里,影子在早晚长,中午短;二是在一年里,影子在冬天长,夏天短。这都是很直观的现象,稍微注意一下就能发现。但一天里什么时候最短呢?有了东、南、西、北四个方位之后,比较一下可以发现，太阳在正南方的时候，也就是影子指向正北方的时候最短。这个时候就是每天的正午。接下来继续比较每一天正午时分的影子长度，在地上一一做出标记。正午时分的影子指向正北方，所以这些标记也在正北方排成一列。这些地上的标记叫作"圭"，后来引申为地面上的刻度。地面上平放的"圭"和竖立的"表"加起来，就是我们常说的"圭表"。

圭表是一种古老的天文仪器，一开始很简单，就是棍子和地面上的刻度，后来改成石头做的，修造得越来越大，但作用只有一个，那就是测量和记录每天正午的影子长度。测量之后就发现，一年里有一天正午的影子最长，这一天太阳的位置最靠南，叫"日南至"；还有一天正午的影子最短，这一天太阳的位置最靠北，叫"日北至"。后来有了春、夏、秋、冬四季的划分，就把冬天的日南至叫作冬至，把夏天的日北至叫作夏至。

但是，冬至和夏至并不是冬天和夏天到来的意思，只是给太阳的两个最极致的位置做一下区分。一开始是用两个夏至之间的时间作为一年，后来用两个冬至之间的时间作为一年，这样做的原因一般认为是冬至的时候影子比较长，测量起来相对误差能够小一些，而且测定冬至用的"圭"比较长，可以把其他节气的影子长度全部包括在内。冬至这个日子因此就有了特殊的含义，演化成了重要的节日。历史上有一段时间，把冬至所在的那个月作为正月，到现在还有"冬至大如年"的说法，就是因为冬至这一天在天文学上的特殊地位。《国语》里面记载说上古的帝王颛顼（zhuān xū）"命南正重司天以属神，命火正黎司地以属民"，重和黎是传说时代的天文官，也是典籍里有记载的最早的天文官。其中南正这个职位，很多学者认为就是负责观测冬至的。

为了测量得尽量精确，古人也是想尽了各种办法。最直观的当然是把"表"竖得越来越高，因为表高了之后影子就长，这样相对误差更小。《周礼》说"八尺之表，丈二之圭"，周代的尺比现在小，八尺相当于 1.85 米左右。古代说"八尺男儿"，最初的表跟人的身高差不多。后来越修越高，到了元代郭守敬修建的登封观星台，表高就已经达到四丈，足足比周代的表高了四倍多。

元代的首都在大都，位置差不多是现在的北京，那郭守敬为什么要把观星台修在登封呢？在登封的告成镇附近，现在还保留着观星台完整的遗址。

原因是这样的，古代人们普遍相信的是"盖天说"，从《周髀算经》开始就说"天象盖笠，地法覆盘"，天像是一个盖着的斗笠，地像是一个倒扣着的盘子。这句话里的大地，究竟是方是圆，学者们还有争论，不过不管是方是圆，它都应该有一个中心。传统上认为告成镇就是这么一个中心，从周公时古人就在这里测量日影，历代天文学家测定节气的时候，也都要在这里测量。据说，郭守敬的观星台就修建在周公当年测量日影的遗址旁边，而正是从告成镇作为大地中心的这个"中"字，衍生了中原、中华、中国等词汇里的"中"字。

郭守敬是中国古代最伟大的天文学家，他不仅在登封观星台的台高上做出了改进，还添加了另一个物品，那就是"影符"。这东西有什么用呢？我们在测定方向的时候，曾经遇到一个问题，就是影子的末端精确位置不好辨认，当时是用一个大圆来解决问题。现在测定冬至影子长度的时候也遇到了同样的问题，郭守敬的办法是用小孔成像来解决问题。影符是一个中间带有小孔的铜片，可以在地面的圭上前后移动。当影符来到合适的位置，阳光穿过小孔，形成一个亮晶晶的太阳圆面的像，映在圭面上成为一个光斑。观星台顶端，也就是表头的位置，有一根横梁，在小孔成像里看起来是这个亮斑上的一条横线。当横线正好位于圆面中间的时候，横线的位置就是应该测量的位置。

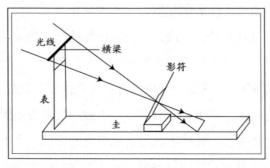

景符示意图

　　利用圭表直接测定出冬至和夏至后，在这个基础上，人们继续把一年划分成更多个区间。加上春分、秋分，将一年平分成春、夏、秋、冬四季，这是"四时"。后来又再平分一次，在春分、夏至、秋分、冬至的基础上增加了立春、立夏、立秋、立冬，变为八段，就是八节。这就是传统上"四时八节"。在西汉年间，二十四节气的名称已经确定，并写进了历法中。

05．夸父追日到底追的是什么？

夸父可能是一位或者一族观测日影的天文学家，"夸父追日"其实是古代天文学家追逐日影观察一天里日影移动判断时辰被神化的故事。

"夸父追日"的故事，我们都听说过。通常的版本是说有一个巨人叫夸父，或者有一族巨人叫夸父族，他们的首领下定决心要追赶太阳，于是朝着太阳落下的地方奔跑，跑得累了之后渴死在路上，手杖掉落到地上，化为了一片桃林。这个故事常常用来形容壮志未酬的勇敢奋斗精神，不过仔细考究一下，你会发现，事情可能并不是这样。

夸父追日这个故事是从哪儿来的呢？最早是《山海经》里的记载。《山海经》里面有一卷叫《大荒北经》，里面说"夸父不量力，欲追日景（yǐng），逮之于禺（yú）谷"。夸父打算追逐太阳的影子，想要在禺谷追上它。

禺谷是什么地方呢？是太阳落山的地方。古代神话里说太阳每天早上从"旸（yáng）谷"出来，晚上回到"禺谷"去。

另外一卷《海外北经》又说夸父"道渴而死，弃其杖，化为邓林"。夸父在路上渴死了，原文在前面还铺陈了几句，说他把河水都喝干了也不解渴，想去北边的大湖再喝，没跑到就死在了路上。这里有一个细节，夸父奔跑的时候还带了根手杖，这根手杖落下来，"化为邓林"，邓林就是桃林。

除了《山海经》，另外一本古书《列子》也有类似记载，说"夸父不量力，欲追日影，逐之于隅谷之际"，后来"弃其杖……生邓林"，手杖化为桃林。不管是哪一本书里，夸父追的都是"日影"，也就是太阳的影子，而不是太阳本身。

一个人手里拿着根棍子，孜孜不倦地追着太阳的影子跑。棍子加影子这么一个组合，在看过前三节的内容之后，会不会觉得有那么一点点熟悉？夸父还要"逮之于禺谷"，那就是直到太阳落山也一直跟着影子在走。那么问题来了，这哪里是个喜欢与太阳赛跑的巨人，他明明就是个上古负责观测日影的天文学家啊！

对夸父这个神话的真相，搞科学史的学者比搞神话学的学者更敏感，很早就有人意识到了这一点。夸父这位追逐太阳的巨人，可能是一位，也可能是一族专门观测日影的天文学家，他们的事迹被人们在故事里代代相传，渐渐失去了真相，变为宏大叙事中的壮丽神话。夸父的形象也越来越高大，最后变成巨人，彻底掩盖了他作为天文学家的身份。

在夸父的故事中，他追逐日影，一直到日落西山，按照这个描述，夸父有可能是通过日出日落时的影子来测定方向，也可能是根据一天里日影的移动来判断时辰，但不可能是根据正午影子长度的变化来测定冬至。因为测定冬至总是在正午的时候进行，不需要追到日落西山。专门负责测定冬至的天文学家，我们在上一节提到过，是"南正"这个职位，是由"重"担任，担任南正的重和担任火正的黎是有记载的最早的官方天文学家，太史公司马迁在《史记》的自序里追溯他俩为自己的祖先。

重、黎还是另一个神话的主角，那就是"绝地天通"的故事。

"绝地天通"这个故事可能不如"夸父追日"那么脍炙人口，情节大概是这样的：相传在上古时代，天和地之间是相通的，人可以到天上去，神也可以下到地面上来。上上下下的通道，是一株名叫"建木"的参天大树。原本人和神相安无事，但是后来神魔蚩尤沿着建木下到人间来，掀起腥风血雨，人们费了好大的劲才把他制伏。所以颛顼帝就让重和黎这二位把天地隔绝开。两个人的分工是重管天，黎管地，重把天扛在肩上，使劲把天往上托，黎蹲在地上，用力把地往下踩。他们分开天地，断绝了地面和天界之间的交通，这就叫"绝地天通"。

　　这个神话乍一听充满了奇幻色彩，能够充当天梯的参天大树，把天和地分开的大力士，都是现实中很难想象的事。不过再一想重和黎还同时有着天文官的身份，特别是重还是"南正"，专门观测冬至的，那么这棵高高耸立的"建木"，它原本的形态也就不难猜到了。我们上一节说过，人们立木为表以测日影，通过正午影子的长度来测定冬至。为了让测量尽量精确，这根"表"越来越高，而通过这样一根竖立的表，人们得以知道无数看似神秘高深的关于"天"的信息，就仿佛这根杆子本身有着奇特的魔力一样。这样的形象进入故事里，在口口相传的过程中被不断加工，就变成了一株能够沟通天地的参天巨木。而使用竖立的表来测定冬至的天文学家，因为把持住了相关的知识，让普通民众失去了了解天文学知识的途径和解释天象的话语权，这就相当于把人们和上天隔绝开来。天文学家就变成了把天地分开来的大力士。

　　"绝地天通"这个故事，其实反映的是天文学开始专门化、官方化和神秘化的过程。中国古代的天文学，和其他古代文明的天文学一样，除了从天空获取关于时间的指引，还希望获得关于其他事务的指引，天文学与星相学彼此交叉、密不可分，上古的天文学家，常常有巫师、医生和史官等多重身份。所以司马迁自称为重、黎的后代，在他的《史记》里专门有一卷《天官书》，而我们也常常会看到《左传》等史书里记载说打仗的时候带着史官同行，主要是为了用天象占卜吉凶。"丙之晨，龙尾伏辰"这首童谣，就是晋献公向史官问吉凶的时候，史官分析给他听的。对天象的了解和解释，随着历史的演进，渐渐变成一项权力，只给民间留下一些简单的常识和掩藏住真相的神话。

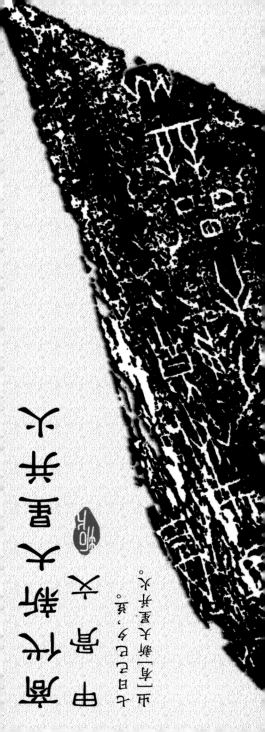

06. 后羿射日到底射的是什么？

古人用来观测时间和方向的高表被神化为
驮着太阳的神树，十个太阳是因为先秦时人们
把一天分为十个时辰，在节日活动时，人们用
弓箭射高表顶端用来判断风向的羽毛，而后羿
是有名的神箭手，后人将其神化为后羿射日。

传说在上古时，一共有十个太阳，它们
每天轮流来到天空中值班，为大地送来光明
和温暖。可是渐渐地，这种轮换的次序变得
混乱，到最后十个太阳一起来到天空中。十
个太阳一起发光发热，地面上就受不了了，
禾苗干枯，草木凋零，人们没有粮食吃——
古人不知道什么全球变暖、厄尔尼诺，要不
然也得全都放进故事里去。

这时候有位大英雄站了出来，拿着一张
天帝赐予的大弓，把天上的十个太阳射下来
九个。只剩下一个太阳在天上，人们的生活
终于又恢复了正常。

这个故事听起来很离奇，不过神话不是个人创作的，是一整个群体的集体叙事，上古不像现在，有各种传媒手段，一部电影、一部电视剧都可以很容易形成共同话题，上古的神话一定是有一个本来的什么事迹被许多人见证后，才能一代代流传下来。

那么天上怎么可能有十个太阳呢？这十个太阳又究竟代表着什么？学者们有着诸多猜测。因为我们毕竟不能真的穿越回去，亲眼看一看出了什么事，只能根据手头有限的记载，尽量提出有可能又不会自相矛盾的说法。

最直观的解释就是，天上并没有十个太阳，只是一种被称为"幻日"的光学现象，就像海市蜃楼一样，在天上出现了虚幻的太阳的像。这种情况在寒冷高空中的冰晶排列成特殊形状的时候就有可能出现，一般是一真两假三个太阳，有时会有五个，在最特殊的情况下能有七个太阳。虽然没有达到十个那么多，不过古人也许只是说了一个约数，形容有好几个，那么这样说起来，似乎也说得通。

但是，幻日这种说法，不能解释地面上禾苗干枯、让人们饿肚子这种变化，而且它虽然看上去很吓人，但毕竟持续时间很短，不一定留下广泛深刻的群体记忆。所以很多学者认为，天上的十个太阳，还有更深层的含义。

天上有十个太阳，这种说法不只在后羿射日的故事里出现。《山海经》里就说在东方有一棵巨大的扶桑木，上面栖息着十个太阳，轮流到树顶上去照耀四方，也有说它们轮流让一种叫金乌的神鸟背着到天空中去送温暖。

　　自从我们讲过天文学家的木棍和这根木棍的诸多变体之后，对神话中的大树，特别是还跟太阳搭上关系的大树，就总觉得有点儿似曾相识。于是又有学者推测说，《山海经》虽然我们现在只能看到残存的一部分经文和注解，但最初是有很多图的。是不是当初有这么一幅图，上面画了一个立起来的巨大的"表"，也就是天文学家用来观测日影的柱子，然后又画下了太阳的十个不同的方位来标注十个时刻，先秦时期曾经把一天分成十个时辰，其中白天是朝、禺、中、晡（bū）、夕五时，十个太阳方位，正好把白天的五时各分成两份。后人看到这幅图，就"看图说话"，误以为这是一棵栖息了十个太阳的大树。

　　持这种观点的学者又推测，古人树立起这根"高表"之后，为了充分利用资源，又在顶上放了测定风向的风向标，风向标这种东西我们知道，往往是用羽毛做的，常常跟鸟一样，在图上看起来，就像有鸟停在大树上，准备背着太阳出发一样。而射日的后羿呢，还是资源利用，逢年过节的时候大家搞群体活动，当时的娱乐是什么呢？就是竖一个靶子大家射着玩。那现成的一根立得高高的杆子，上面还有只假鸟，用来当靶子再合适不过了。后人拿到图一看，有人在射太阳！又一联想后羿是有名的神箭手，于是一幅描述"立木为表的各种用法"的说明书，就变成了后羿射日的神话。

这种说法乍看有道理，无法反驳，不过缺乏关键的证据，也就是那张图，所以，也只能作为一种很有说服力的假说，等待更多的考古证据来证明。

除了幻日和看图说话这两种解释，对后羿射日的故事，学者们还有第三种解释，线索也在《山海经》里。《山海经》说东南海外有一个"羲和之国"，羲和生下了十个太阳，每天照顾这些太阳，让它们轮流出去值班。羲和是谁呢？"羲和"这个名字在很多典籍里被提到，黄帝的时候有羲和，当时是羲和管太阳，常仪管月亮，这个管月亮的常仪后来变成了嫦娥。尧的时候也有羲和，尧帝让羲和观察天象，测定时节。在夏朝还有一个羲和，因为遇到日食处理不当掉了脑袋。到了汉代，干脆就设了"羲和"这个官职，职能跟太史令差不多，负责史书、天文历法和祭祀。

看到这里我们也就明白了，羲和并不是一个能生下太阳的女神，而可能是跟夸父一样，是一族代代相传的天文学家。羲和生下的十个太阳怎么解释呢？学者认为这可能是上古曾经使用过的纯粹的太阳历。古人很早就懂得用表影测定冬至，从而确定一年的长度，但年这个时间单位太长了，人们需要一个介于日和年之间的时间单位，于是把一年分为十份。我国的彝族人民到现在还在使用着传统的十月太阳历。我国现存最早的历法文献《夏小正》，也有学者从种种迹象怀疑它的原貌是一年只有十个月。这种纯粹的太阳历并不是中国古代独有的，古埃及也使用这样的历法，每个月36天，在年末有5天的节日。

一年的长度并不是这种太阳历中的365天，而是365.2422天，还多出一点儿零头。这点儿零头一年年累积下来，就会出现误差，让历法上的季节和真实季节错位。人们按照错误的历法在错误的时间种下庄稼，当然就没有了收成，写进神话里，就是十个太阳让大地焦枯，庄稼颗粒无收。为了让历法重新能够有效地指导农业生产，就必须进行历法改革，这就是后羿射日的真相。后来，中国历史上普遍使用的不再是纯粹的太阳历，而是一种阴阳合历，把太阳回归的周期作为一年，把月亮阴晴圆缺的周期作为一个月。这种历法经过不断修正，一直使用到今天，也就是现行的农历。

07. 如何测算一年有多少天?

最初古人用平气法将一年分成 24 段，一年
365 天多一点儿，但这样容易出现春分和秋分日
期不准确的情况。后来人们改用定气法，将太
阳在星空中移动的轨迹拿来平分，每个节气之
间相隔 15°。现行的日历使用的就是定气法。

我们现在知道，一个回归年，也就是我
们通常意义上说的一年，长度是 365.2422 天。
而且历史上早在春秋战国时代，一年的长度
测出来就是有零有整了，当时认为一年的长
度是 365.25 天。可是，这是怎么测算的呢?
通过测定正午的日影长度，找到影子最长的
那一天就是冬至日，两个冬至日之间就是一
年，那这样得到的时间长度，必然是整数的
天数，那小数点后面的部分，是怎么测出来
的呢?

这里面的道理，其实也很简单，古人测
定冬至影子长度的时候，记录下来的信息不

仅是在哪一天正午的影子最长，还记录下了影子的具体长度。时间长了就发现，每年冬至正午的影子长度，虽然都是一年里最长的，但具体的长度还是有一些差别。具体来说是第一年最长，第二年变短，第三年最短，第四年和第二年差不多，第五年回到第一年的长度。五个冬至日之间相隔四年，总共是 1461 天，把它们之间的天数除以年数，得到的平均值就是 365.25 天。因为最初是以四年的平均值来计算，所以叫作四分历，我国历史上从战国到西汉初年，各种名目的历法普遍都是四分历。

当然后来测定得越来越精细，到南朝大数学家祖冲之的时候，他测定的回归年长度是 365.2428 天，与现在的数据只差约 50 秒。祖冲之的办法是连续测量冬至前后好几天的正午日影长度，他假设在冬至点之前和之后，太阳的变化是对称而均匀的，影子的变化也应该是对称而均匀的，所以从前后几天影子变化的中间值里，就能测出更精确的冬至点时刻，从而得到更精确的一年的长度。这种假设并不严格符合事实，但误差不大，直到七百多年之后，才出现了更准确的数字。

现在，我们可以用圭表精确地测定冬至和夏至了。不过，单靠圭表，不可能把二十四节气的日子都测出来，因为每一个节气之间，影子长短的变化规律不那么明显，它是按照三角函数来变化的，古人不可能事先推算出来。不过没关系，反正知道二十四节气是平分一年的，那推算着平分一下就可以了。

问题就在于，应该怎么平分呢？

最初古人没有意识到太阳在一年里运行的速度不均匀，于是直观地把一年平分成二十四段。一年 365 天多一点儿，两个节气之间总是相差大约 15.22 天，这叫"平气法"，中国古代大部分时间使用的都是平气法，把节气均匀地插到年历里。平气法最大的问题是，这样推算出来的春分和秋分日子不对。别的节气日子对不对不好判断，但是春分和秋分不对就太明显了，我们之前也说过，这两天太阳从正东升起，在正西落下，但凡方位不对，那就肯定是哪里出了差错。

问题出在哪里呢？我们作为现代人知道，地球在一个椭圆形的轨道上绕着太阳公转，速度一直在变化，在近日点的时候最快，远日点的时候最慢。近日点在一月，地球在一月前后跑得快，就会更早抵达三月的春分点；远日点在七月，地球在七月前后跑得慢，就会更晚抵达九月的秋分点。平气法没有考虑到速度的变化，按照平均速度来安排节气，就会让历法的春分比真实的春分晚，而历法的秋分比真实的秋分早，所以按照历法在这两天，就看不到应该有的昼夜平分景象了。

最早发现春分和秋分日子不准的，是隋代的天文学家刘焯（zhuō）。他也不知道其中的原因，就做了个折中的改变，只纠正了春分和秋分的日期，而其他的节气还是按时间平分。

这样改良意义不大，后来的天文学家也没有接受，所以平气法一直用到了 1645 年清代颁行《时宪历》才被放弃。

清代初年这部《时宪历》采取的方法叫"定气法"，是把太阳在星空中的移动轨迹进行平分。太阳每年在星空背景中移动一周是 360°，平分下来，每个节气之间相隔 15°。定气法定的是位置而不是时间。因为地球运转的速度有时快有时慢，从古人的角度来看，那就是太阳在星空中穿行的速度有快有慢，所以节气之间相隔的时间不固定，长的有 16 天，短的只有 14 天。我们现在的日历使用的就是定气法，从日历上看，上半年的节气一般是每个月的 5 日、6 日和 20、21 日，下半年的节气则一般是 7 日、8 日和 22 日、23 日。

二十四节气只和太阳在星空中的运行位置有关，它是纯粹的阳历的概念，不过古代的天文学家用一种巧妙的方法，把它和阴历的月份对应起来。在二十四节气里，分为节气和中气两类，交错排列，比如立春是节气，接下来的雨水就是中气，然后惊蛰是节气，接下来春分就是中气，以此类推。

一般来说，每一个阴历月里，会有一个节气和一个中气，历法上规定有雨水的那个月是正月，有春分的那个月是二月，有谷雨的那个月是三月，以此类推，有冬至的是十一月，有大寒的是十二月。有时赶巧了，某一个月恰好落在两个中气之间，两头没赶上，这个月就没有自己的编号，变成闰月。这种办法是从唐代的《麟德历》开始实行的，到现在已经一千三百多年了。设置闰月的原因是一年的长度和一个月的长度不能整除，需要处理余下的零头。大致算起来，平均每 19 年有七个闰月，外加两个小时的误差。所以我们会发现，每 19 年，大年初一那一天的阴历和阳历日期就会重合一次。如果大家有过阴历生日的习惯，就会发现自己 19 岁、38 岁和 57 岁时，阴历生日和阳历生日会重合到一起。

08. 七月流火流的是哪个"火"?

七月流火中的"火"在古代指的是"大火星",大火星在星空中最高点到落下地平线的这段弧线被古人分为三段,走完第一段的位置叫作"流"。七月流火说的就是七月黄昏时分,大火星来到"流"的位置。

我国通过观测日影来判断时间已经有了几千年的历史,而观星的历史也同样长,甚至更长。我国历史上第一部诗歌总集是《诗经》,里面留下了不少古人利用星空来判断时间的句子。《诗经》里的诗歌跨越的时间很长,其中最早的一些是在西周初年完成的,距离现在也三千多年了。这里面就有一首《豳(bīn)风·七月》,我们绝大多数人至少听过这首诗的第一句:七月流火。

从字面上来看,"七月流火"这句诗让人感觉很热。因为现在公历的七月正是北半球一年里气温最高的时候,而"火"这个字也让人感觉非常炎热。其实这句诗描述的不是气候，而是星空中的景象。这里的"火"，也不是我们日常生活中所说的火焰，而是天上的"大火星"。

"大火星"这颗星，在现代的星座系统中属于天蝎座。夏天的晚上我们到室外去，面向南方观察星空，在比地平线稍高的地方可以找到一颗明亮的恒星，肉眼甚至可以看出它带着红色的色调，这就是天蝎座最亮的恒星"心宿二"，中国古代称它为火或者大火，这里需要说明的是，这颗大火星并不是我们知道的八大行星里的火星。

"大火星"这个名字的由来，有学者考证认为是和上古"刀耕火种"的习俗有关。在4000年前，当大火星在黄昏升起的时候，正是初春时节，也就是人们应该放火烧荒，开始一年耕作的时候。烧荒的火意味着未来的丰收，而这颗亮星红色的光芒，正和地面上的火相呼应，所以被称为"火"。这颗星不是夜空里最亮的星，但是在古代中国人的生活中却非常重要。前面章节讲到重和黎"绝地天通"的故事，说到重是"南正"，黎是"火正"，南正是观测冬至日影的，火正就是观测这颗大火星的。当时一年不像现在这样分成春、夏、秋、冬四季，只是简单地分为两季。在夜空中能看见大火星的季节是春季，也就是人们需要耕作的季节；在夜空中不能看见大火星的季节是冬季，也就是人们停止农业活动的季节。

当人们在黄昏和黎明看到大火星，也就是大火星在太阳落下时升起，在太阳升起时落下的时候，在殷商时期正好是收获季结束的时候。有学者认为在殷商时期，人们曾经把这个时候定为新年的开始。这与古埃及人、古巴比伦人曾经使用的历法相似，不过古埃及人的新年是天狼星和太阳一起升起的时候，古巴比伦人的新年是五车二星和太阳一起升起的时候。这种依据大火星运行而产生的最简单的历法，我们称之为"火历"。随着年代的推移，太阳在星空中的运行会有一点点滞后，这种滞后叫作"岁差"，每年只会有一点点，但是上千年积累下来就会产生很大的改变。于是，大火星在黄昏升起的日子越来越晚，当它的运行渐渐不能匹配农时的时候，火历就被人们抛弃了。不过大火星在星空中的崇高地位则一直保留了下来，成为中国人观念里星空中最重要的三大星辰之一，还时不时地在我们意料不到的地方冒个头。比如后面我们会提到，在"二龙戏珠"这个传统的艺术形象里，就有大火星的出演。

到了《诗经》的年代，人们用的是一年十二个月的阴阳合历，年是由太阳的运行确定，月是由月亮的阴晴圆缺确定，一个历法里既用到了太阳的周期也用到了月亮的周期，所以是阴阳合历。怎么确定某一个月在一年里的位置呢？我们前面说到按节气来排月份，那是后来的事了，上古的人们还做不到这么精确。对他们来说，最明显的特征就是星空的变化。我们现在知道地球一年绕着太阳转一圈，从古人的视角看是太阳一年在星空里转一圈，太阳所到之处，它周围的星空都会被阳光掩盖，所以随着太阳的前进，每天晚上露出来的星空都不一样。虽然前一天和后一天的变化很微小，同一颗星每天只会比前一天早升起将近四分钟，不过前一个月和后一个月的差别就很明显了。于是，只要观察每天同一个时间的星空变化，就能知道现在到了几月份。不过需要注意的是，必须是每天的同一个时间，因为星空在一天里还在不停地运转，前一个月晚些时候和后一个月早些时候，看到的星空是一样的，这样就体现不了星空的变化，也就看不出来季节。古人没有特别精确的计时工具，选择的观察时间是黄昏时分，星星刚从天空中浮现的时刻。

同一颗星星在每天黄昏时的位置，会一天比一天偏西。大火星在星空中的最高点到落下地平线的这段弧线，被古人大致等分成为三段，第一段就叫作"流"。"七月流火"，说的就是当时七月的黄昏时分，大火星来到"流"的位置。看到这样的天象，三千多年前的人就知道，七月到来了。

《豳风》描写的是周人生活在豳这个地方的生活，他们是在商代后期来到这里的。当时大火星大约是在立秋前后的黄昏时分来到西南方"流"的位置，如果这些诗歌是当时的作品，那么诗里人们所说的七月，大致也就在立秋前后。但到了现代，这样的景象就要到公历九月底十月初才能看见了，和《诗经》里的描述差出将近一个月。这也是由"岁差"导致的。

09．牛郎织女的名字是怎么来的？

织女星在黄昏来到正南方时，正是七月农忙快要结束，要为过冬做准备的时候，"九月授衣"，七月就要开始纺织了。于是人们将织女星和纺织联系在一起。牛郎星在黄昏时分来到正南方最高位置时，正是八月为岁末的祭典挑选牛羊的时候，于是人们将牛郎星与"牺牲"联系起来。

牛郎和织女的故事我们应该都听说过，讲的是人间的放牛郎和天上的织女的故事。牛郎和织女是夏夜星空的两颗代表性亮星，我们在夏天的晚上，抬头望向南方天空高处，隔着银河相望的这两颗星，即便是在有灯光干扰的城市里也清晰可辨。特别是织女星，是天空中排名第五的亮星，而且在一年里的大多数时间都高高挂在天上。可想而知，在夜晚缺少灯光的古代，牛郎星和织女星是多么明亮瞩目，所以古人当然也很早就注意到了这两颗星。可是，牛郎星是怎么跟老牛扯上关系，织女星又是为什么会天天织布的呢？它们毕竟只是单独的一颗星星，也不像星座那样有个形状可以联想，为什么人们会把"牵牛"和"织女"的身份安放到它们身上呢？

历史上没有记载，不过现代有学者推测说，牵牛和织女的名字，跟这两颗星出现在星空中的时节有关。

织女星在黄昏时来到正南方——古代天文学把这种现象叫"昏中"，也就是黄昏时来到中天。这个时候其实也大致就是我们上一节讲到的"七月流火"，大火星向西落下的时候。现存最早的历法文献《夏小正》说七月"初昏，织女正东向"，织女星也是七月的特征星象之一。织女星自己是一颗星，只是夜空中的一个亮点，谈不上方向，不过它与旁边的两颗小星组成一个三角形，织女星所在的张角朝向东侧，这就是"织女正东向"。也就是七月到来了。

在当时，七月是农忙快要结束，人们开始为过冬做准备的时候。"七月流火"的下一句就是"九月授衣"，九月要把衣服做好，七月就该开始纺织了。不然"无衣无褐，何以卒岁"，没有冬装怎么过年？虽然根据考证，先秦时期普遍比现在温暖好几摄氏度，但人们要过冬，还是得依靠纺织姑娘们的辛勤劳作。在七月的入夜时分，人间的织女们摇着纺车，被头顶这颗异常明亮的星星照耀着，于是，就把标志着七月的织女星，和在七月发生的纺织活动联系了起来，让织女星成了人间织女的代言人。正是因为从七月开始要准备纺织布料、裁缝衣服，所以后来的七夕风俗里，女孩子们总要陈设针线来"乞巧"，希望自己在接下来的工作中心灵手巧，而祈求的对象呢，当然就是织女星这个守护神。虽然随着历法的变迁和岁差的积累，七夕的天象和物候与《夏小正》里描写的七月已经有了一定的偏差，但这个风俗还是代代流传了下来。

至于牛郎星，最初叫牵牛星。名为历史学家其实还兼职天文学家的司马迁，在《史记·天官书》里记载说"牵牛为牺牲"，这里"牺牲"指的是祭祀上天时使用的牲畜，我们到现在还说"寒冬腊月"，把农历十二月称为腊月，这个"腊"就是古代在岁末的祭典，祭典上所使用的肉被称为"腊肉"。既然在岁末要宰杀牲畜进行祭祀，那提前几个月就得挑选出好的猪牛羊，精心地饲养起来，确保祭典上能够拿出最肥美的牲口来作为牺牲。什么时候开始挑选呢？八月。《礼记》里有一卷《月令》，跟《夏小正》类似，专门记载每一个月的天象、物候和应该干什么，里面就说到负责祭祀的官员应该在"仲秋之月"来巡视和挑选专供祭典的牲畜，仲秋之月就是八月。在一个月之前的七月，织女星在黄昏时分来到正南方自己最高的位置，现在已经朝西边滑落了。而现在是哪一颗亮星正好在黄昏时分来到正南方中天呢？没错，正是牵牛星。这颗亮星昏中的时候，正是为岁末的祭典挑选牛羊的时候，如果说是由于这个原因把它和"牺牲"联系了起来，似乎是很有道理的。

牵牛和织女这两颗星，很早就确定了它们的"职业身份"，不过牛郎和织女是后来才被联系到一起的。

牵牛星变成牛郎星，跟织女变成一对，大概是战国时候的事。它俩为什么会被联系在一起呢？有学者猜测是因为牛郎星在银河东岸，织女星在西岸，星辰每天东升西落，于是人们就看到牛郎星追着织女星跑的情景，看得久了，就把它俩编派到一起了。但因为隔着条银河，牛郎怎么追也追不上织女，这两个"人"在夜空里上演着充满悲剧色彩的爱情故事，所以在秦代用来占卜的《日书》里专门说了，在牛郎织女相会的那一天可千万不要结婚，不吉利。

到了汉代，牛郎星的身份发生了改变。可能是人们觉得这么亮的一颗星身份不能太平庸，也可能是因为牛郎星恰好位于银河岸边，总之人们又给它安上了"河鼓"这个职位，变成了镇守银河上桥梁的大将军。牛郎星又被叫作"河鼓二"，就是这个原因。汉武帝当初以训练水军的名义在上林苑挖了一个中国古代最大的人工湖，起名叫昆明池——颐和园里的昆明湖，就是向这个昆明池致敬才起的这个名儿，昆明池边一东一西放了牛郎、织女两个巨大的石像，是现存最大的汉代石像。人们猜测，汉武帝这么做不太可能是喜欢牛郎织女的悲剧故事，而是牛郎星身为天庭水军将领的身份，正好符合昆明池名义上的用途。

10．古人如何用星星判断时间？

古人很早就发现了星空随季节不断变化，通过观察星星移动的距离，与黄昏时的位置相比较，就可以估算出夜晚已经过去了多久。

星空是世界上所能看到的最有秩序、最有规律、最守时的存在，它每天以均匀的速度东升西落，每个季节转动到固定的星座，从不改变步调。古人对这种让如此巨大的天穹规则运行的力量感到敬畏，同时也对这种规律加以利用。既然星空的运行速度总是不变的，那么，观察特定星星的移动距离，与黄昏时的位置相比较，就能大致估计出夜晚已经过去了多久。

我们还是用《诗经》里的一首诗歌来作为例子。《诗经·唐风》里有一首《绸缪》，讲的是一场婚礼。诗篇一开始就说"绸缪束薪，三星在天"，参宿三星出现在了天空中。上古的婚礼的"婚"字没有那个"女"字旁，因为"昏礼"都是在黄昏的时候举行。这个时候，三星刚好升上天空。然后第二节说"绸缪束刍（chú），三星在隅（yú）"，随着时间的流逝，三星越升越高，来到东南侧。最后是"绸缪束楚，三星在户"，古代建房子讲究朝南，大门向着正南方，能在开着的房门看见参宿三星，说明它们已经来到了正南方。同一组星星，从黄昏时刚升起来到了正南方，夜晚的路程走过了一半，说明时间已经到了午夜，婚礼也该结束，应该休息了。

这里"三星"一般认为是参宿三星，所以读作参星。参宿的这个"参"字，最早的字形就是一字排开的三颗星星，下面有一个抬头仰望的人。参宿相当于现代星座系统里的猎户座，非常好认，中间三颗星等距离一字排开，上下各有两颗亮星像张开的双手和双脚，这就是猎户座，也就是参宿了，它的形状像一张挂着的虎皮，是"西方白虎"的代表星座。

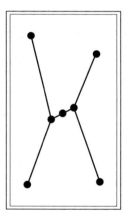

参宿示意图

《唐风》是西周唐国的诗歌，唐国的位置在如今的山西境内，直到几十年前，山西民间还保留着以参宿三星判断时间的习俗，妇女夜晚做针线活儿的时候，常常靠参宿三星的位置来判断时辰。俗话说"三星高照，新年来到"，当我们在晚饭时分看到参宿三星来到最高的位置，那新年也就该到了。顾炎武说"'三星在天'，妇人之语也"，他写这段文字的时候，正是住在山西曲沃一带的古唐国疆域内，因此记录下了这样的风俗。

要利用星星的移动来判断时间，那首先要能认出特定的星星。随着季节的推移，每个月在黄昏升起来的星星是不一样的。如果是大火星、牛郎织女星和参宿三星这种特别明亮的星星，那没关系，它们太亮了，非常好认。但这样的亮星不是每个月都处于合适的位置，而星空中大多数的星星，并没有这样能够让自己脱颖而出的亮度，要弄清它们谁是谁，就需要把它们就近分成一个个小组，按照形状来记忆和辨认。最早的星座就是这样出现的。

星空中哪些部分最需要仔细划分呢？一是太阳、月亮和金木水火土五大行星会经过的地方，人们需要一些"路标"，来标记它们走到哪儿了，这块星空是沿着黄道，也就是太阳在星空中经过的轨迹分布的；二是那些从正东升起、正西落下的星星，人们晚上判断时间的时候，利用这样的星星比较准确和方便，这块星空是沿着天赤道分布的。天赤道是把地球的赤道面延伸到星空中画出的大圆。古代最早出现的那些星座，也正是分布在黄道和天赤道附近的天区。我国传统上更重视赤道星座，最早发展出了明确的赤道坐标体系，也就是以二十八宿为基础的天区划分体系。

在天赤道附近的这些星座里，最初只有最亮的几个星座得到关注，比如我国有一部重要的经典叫《尚书》，其中有一篇《尧典》，记载了尧舜禹时期的尧帝让天文学家观测火、虚、昴、鸟四个星座，用来判断季节的故事。这四个星座后来都变成了二十八宿的其中一宿。我们之前提到的《夏小正》，里面出现了大火、织女、昴、参这样几个星座。后来星座越来越多，位置的选取也越来越精确，《诗经》里一共出现了七个星座，《月令》里有二十五个，一直到《史记》，二十八宿的名称才算齐备。

牛郎星和织女星因为非常明亮，最早一定也是被纳入了这个体系的，不过后来因为距离天赤道太远，使用起来实在不方便，于是改在天赤道附近找了两组星星，挪用了牛、女两个名字，称为牛宿和女宿。现在我们看牛郎、织女两颗星，是牛郎在东侧，织女在西侧，可是二十八宿里的牛宿和女宿，却是女宿在东侧，牛宿在西侧。这是古人弄错了吗？并不是这样。

我们都知道地球在宇宙空间中不停地自转，但可能并不是每一个人都知道，地球自转的时候，自转轴会像转动的陀螺一样晃动。这种晃动很慢很慢，每年只有一点点，造成的后果就是我们上一节提到过的"岁差"，一是太阳每年在星空中的运行比起上一年会轻微滞后，二就是北极的移动，这让我们看到的星空像是在慢慢摆动。

　　由于这个原因，在大约 5000 年前，织女星曾经位于牛郎星的东侧，后来才慢慢变为我们现在看到的样子。从时间以及牛宿、女宿的名称来源来看，二十八宿是起源于我国，后来传到中亚和印度的。它们两两成对，中心对称地分布在天赤道附近。认识了二十八宿的这些星星，也就认识了星空这个巨大时钟的刻度。

11．北斗七星有什么玄机？

在古代，北斗是星空的中心位置，每天围绕着北极逆时针旋转，人们根据斗柄旋转的角度就可以估计出夜里的时间。北斗转动一周是一年，人们将周天分为十二段，看斗柄指向哪一段就知道是哪个月。北斗在古代有九颗星，既有代表杀伐的一面，也有连通生死的一面。

在我们现在的日常经验里，要看到北斗星并不容易。现代城市高楼林立，北斗星有时位置不高，容易被建筑物挡住。而且北斗七星都是二等星和三等星，在城市灯光的背景下不够显眼。不过在古代，没有高楼大厦和灯光的干扰，而且由于岁差的存在，在很长一段时间里，北斗星比现在更靠近北极，位置更高，非常醒目。北斗、大火星和上一节讲的参宿三星，合称"三大辰"，是上古最重要的三大授时星辰。还有学者认为，当时的北极点并没有像现在的北极星这样的亮星，而且北斗非常靠近北极点，所以上古时代说的北极就是北斗。不管怎么样，以北极和北斗为中心展开天文观测，这是中国古代天文学有别于西方的独特之处。北斗这个标志着星空中心的星座，特别是它更靠近北极的前半部分又被称为"璇玑"，它对我们的历史和文化有着非常深刻的影响。

在上古人们主要生活的地区，北斗这只巨大的勺子就是星空的中心位置，只要天一黑就能看见，每天绕着北极逆时针旋转，古人叫"左行"。那么在黄昏时分观察一下斗柄指向，再通过斗柄旋转的角度，就能估计出夜里的时间。同时，由于星空的四季流转，在不同季节，北斗斗柄的指向不同。《夏小正》里就好几次提到斗柄的位置，不过当时只有上、下两个指向，分别为黄昏、凌晨两个时间。后来战国有一部书叫《鹖冠子》，里面说到"斗柄东指，天下皆春；斗柄南指，天下皆夏；斗柄西指，天下皆秋；斗柄北指，天下皆冬"，这是在黄昏时候看到的景象，一年正好转动一周。我们现在不妨在入夜后观察一下北斗斗柄的指向，也是这样变化的，只不过因为岁差的积累，适合观察的时间不再是黄昏，而是晚上八九点钟。既然一年转动一周，那么一个月就是十二分之一。把周天均分成十二段，一看斗柄指向哪一段，就知道是哪个月了。这里均分周天所得到的月和月亮的阴晴圆缺无关，相当于西方的黄道十二宫，是阳历的月。

等分周天的这十二段，有一个专门的名词叫"十二辰"，由东向西按照地支的顺序排列。冬至时斗柄所指的那一段是子，接下来按子丑寅卯这样依次排下去。我们平常说"生辰八字"中的年、月、日、时各自都有一个天干地支的编号，其中年、月、时三种时间单位，都跟以北斗指向划分的这个十二辰有关。

上古时一天曾经划分成十个时辰，"天有十日"的传说可能就跟这种划分法有关。那么后来为什么变成了十二个时辰呢？正是因为十二辰已经把周天等分成了十二段，对应地面上的十二个方位。于是按照太阳在一天里的运行，来到哪一个方位，就是哪一个时辰。这种划分方法跟现代的 24 小时制原理相同，所以我国古代的十二时辰跟现在使用的 24 小时能够刚好对应，子时是 23 点到 1 点，丑时就是 1 点到 3 点，换算起来非常简单。在十二辰对应的十二个方位里，子是正北方，午是正南方，所以后来现代地理学传入中国之后，人们把经线翻译为"子午线"。

说完了时辰，我们再来说月份。老黄历上每一个月都有一个地支的编号，也是来自十二辰。当然黄历的月是按照月相变化来的阴历月，不是十二辰均分周天的阳历月，每月初一那一天，太阳和月亮一起位于十二辰中的哪一辰，这个月就对应哪一个地支。月份的编号在这里不由斗柄指向直接决定，不过大致也能对应良好。所以《淮南子·天文训》才说"杓（biāo）为小岁"，杓就是斗柄，"小岁"表示斗柄能够指示出岁月的流逝。

斗杓是"小岁"，那"岁"是谁呢？是沿着黄道慢慢移动的木星，古代叫岁星，它一年的移动几乎刚好也是周天的十二分之一，移动一辰就是一岁。我们现在常常把年岁并用，不过在古代，年是指农业耕种收获这样的周期，而岁是天文上呈现出来的周期，它们的含义是不一样的。

岁星是岁，北斗是小岁，它俩都起着指示时间的作用，但是这就出现了一个问题。我们刚才说，十二辰的排列是由东向西的，因为北斗星绕着北极逆时针旋转，斗柄的指向落到天赤道上就是由东向西运行的；而岁星，也就是木星，在星空背景上是由西向东走的，两者的方向正好相反。这就让古人很难受了，只好想象出一个虚构的"太岁"，跟真实的岁星反着走，这样才能顺着十二辰的顺序运行，这就是"太岁"这个词的来历。人们用太岁所在的位置给每一年命名，后来渐渐发展出用天干搭配地支给每一年命名，这才有了到现在还在使用的干支纪年法，比如，2018 年是戊戌年，2019 年是己亥年。年、月、日、时的"八字"里，只有纪日法和十二辰无关，其他都和北斗终年不断地旋转有着千丝万缕的联系。

我们现在都说北斗七星，四颗星构成勺头，三颗星构成勺柄。不过在古代，北斗一共有九颗星，勺柄比现在长，还有延伸出去的玄戈、招摇两颗星，随着北斗的转动指向天空中的各个方向。后来岁差累积，北斗和北极之间的距离变远了，在黄河流域观察北斗，只有前面七颗星终年可见，玄戈和招摇落到了地平线下，于是北斗九星就变成了七星。由于在星空中的重要性，北斗被远古的人们赋予了太多的象征，比如已经消失的两颗星的名字，玄戈是武器，招摇是战旗，它们击打周天，让天地四时运行，这是北斗杀气腾腾的一面。北斗的勺头叫"斗魁"，"魁"字是"鬼"字旁加一个"斗"，在更早的远古，北斗九星的每一颗星都有一个带"鬼"字旁的名字，这是北斗连通生死的一面。这枚镶嵌在天空枢纽的"璇玑"，除了历法，对我们还有更隐秘的历史和文化影响。

第二章

古人心目中的星空：人间王朝的映射

南宫朱雀的原型竟然是鹌鹑？

朱雀星座由柳、星、张、翼四宿组成。古人将岁星在黄道上运行的轨迹分为十二次，南宫朱鸟所在的三个"次"，分别为鹑首、鹑火、鹑尾，这里的"鹑"是鹌鹑的"鹑"，因此古代的"朱鸟"原型可能是鹌鹑。

01 . 星空帝国的版图是怎么划分的？

司马迁在《史记·天官书》中将星空分为东、西、南、北、中五大块天区，一共 88 个星座。后世逐渐补充，最终将星空分为"三垣二十八星宿"。

不论是从星空中读出时间还是吉凶，都需要对星象足够熟悉和了解，于是人们开始把星空划分成一个个星座。一开始只有最亮、最明显的少数星座，后来慢慢增加，最后铺满了当时能看见的整个星空。在这个过程中，古人眼中的夜空也逐渐变得丰富而生动，最终成了一个完整的世界。人世间的一切都被投影到了天上，宫廷、官员、建筑、军队、民众、瓜果乃至更多的生活细节应有尽有。我们在这一节中就先来看看这个由星星组成的"星空帝国"的总体情况。

我国现存最早的系统性地介绍中国古代天文学的文章，应该是《史记·天官书》。

司马迁是一位历史学家，但我国古代的历史学家一向都是天文学家和占星学家，司马迁也不例外。

《天官书》里记载了东、南、西、北、中五大块天区一共 88 个星座，其中绝大部分在天庭的"体制内"，比如天帝、后宫、朝臣和官方机构之类，所以中国古代的星座常常又被称为"星官"。这些星座不是司马迁发明的，是他总结当时能看到的先秦文献整合记录下来的。在我们现在还能看到的先秦文献里，出现的星座不多，首先是最重要的"三大辰"：一是北极或者说北斗；二是大火；三是参宿。其次是特别明亮的织女、牵牛等，所有文献加起来大概出现了 38 个星座名字，有的由几颗或者更多的星组成，有的单独一颗星也能成为一个星座，这是中国星座的特别之处。司马迁那个时候能看到的文献可能更多一些，说法也很多，由于岁差的影响，不同时期的星空还有一些微小的差异，他把这些不同说法、不同时代的星座尽量整合到一起，给我们这个"星空帝国"定好了调子。以后的发展和填充，都是在这个框架里进行的。

司马迁这个框架里的第一块天区叫"中宫"，也就是中央天区。中央天区里最重要的当然是北极、北斗和北极周围终年可见的那些恒星。孔子说："为政以德，譬如北辰，居其所而众星共之。"这里的北辰指的既不是北极星，也不是北斗，而是天空中的真北极，也就是地球自转轴指向的那个点。为什么我这么说呢？因为在孔子生活的年代，并不像我们现在这样有一颗非常靠近北极的亮星。当时距离北极最近的比较亮的星是小熊座 β 星，也就是我们现在通行的星座系统中，小熊座第二亮的星，它跟北极足足有 7° 的距离。7° 有多远呢？我们伸直自己的手臂，握住拳头，对准天空，拳头的宽度差不多是 5°，竖起拇指，拇指的宽度差不多是 1°。所以星空中 7° 的距离就是一拳加二指的距离，已经比北斗勺子的角度还要大了，看起来相当不近。至于现在的北极星，也就是小熊座最亮的 α 星，在孔子的时代距离北极有将近 15°，远得很。

到了司马迁的时代，情况也没有太大的改变，并没有一颗亮星能够标记出北极的位置，所有的星星围绕着一个看不见的点旋转，离这个点越近的星星，在当时的地位就越高。所以——我们后面会讲到——有好多星星都拥有着至高无上的名字，因为在历史上，曾经有不止一颗星星成为最接近北极的恒星，充当了当时的"天帝"。

除了中央天区的"中宫"，司马迁把赤道附近的天空划分成了东、南、西、北四大块，也就是东宫、南宫、西宫和北宫四块。东宫里最显眼的大星座是以大火星为心脏的苍龙星座，所以叫"东宫苍龙"，这片天区又细分成了二十八宿里的东方七宿，其中苍龙星座就被拆成了角、亢、氐、房、心、尾六宿，加上箕宿就是"东方七宿"。南宫里最有名的星座是鸟星，所以叫"南宫朱鸟"，这一片天区划分出了井、鬼、柳、星、张、翼、轸南方七宿。上古的鸟星具体指的是谁后世有争议，有的认为是指星宿，有的认为是指张宿，我们现在能确定的是，它肯定是南方七宿的一部分，所以用来代表南宫天区。

西宫里最有名的星座是以参宿为主体的白虎星座，所以后世常说"西方白虎"，不过司马迁可能觉得白虎在西宫天区里位置太偏，靠近边缘了，所以采用了位于西宫中央的"咸池"星座来代表西宫，叫"西宫咸池"。这片天区细分成二十八宿里的西方七宿，其中白虎星座拆成了觜（zī）、参两宿。最后是"北宫玄武"，玄武星座只占了北方七宿里的两宿，不过作为从远古就流传下来的"四象"，也就是后来我们熟悉的"苍龙、白虎、朱雀、玄武"四大神兽之一，它成了北宫的代表。

《史记·天官书》把整个星空划分成了东、西、南、北、中五大天区，里面各自有若干个星座。到了隋唐时代的《步天歌》，又把中央天区划分出了三大块，也就是后世说的紫微垣、太微垣、天市垣这"三垣"。"垣"是城墙的意思，"三垣"就是天上的三座城，人们用在某某垣里某处，或者在某某垣外某处，来描述这片天区的恒星位置。紫微垣是围绕北极的天区，太微垣和天市垣都在紫微垣以南，太微垣在天市垣西侧。东、西、南、北四个天区分成二十八宿，上一宿和下一宿之间以某颗星为边界，这样就把赤道天区分成了二十八份，人们用在某宿多少度来描述天体的经度，用距离赤道多少度来描述天体的纬度，相当于一个赤道坐标系统。所以说，"三垣二十八宿"不仅是古代的星座，还是古代使用的天球坐标体系。

02.紫微垣为何成为天帝的居所？

三垣里最重要的是紫微垣，也就是围绕着北极的这一块天区。星空中的所有恒星都绕着北极转动，就好像地面上所有人都围着皇帝转一样，所以我国古代传统上认为北极是"天帝"，距离北极最近的星就是天帝的化身。紫微垣也就被认为是天帝的居所。

三垣里最重要的是紫微垣，也就是围绕着北极的这一块天区，司马迁在《天官书》里把这块儿叫"紫宫"，也就是紫色的宫殿。紫这个颜色象征贵重，这是早在商代就形成的传统，跟古罗马一样，也是因为紫色染料稀少，只有大贵族才穿得起。虽然周代的时候紫色曾经没落一阵子，比如孔子就说"恶（wù）紫之夺朱"，认为朱色才是高贵的颜色，不过后来秦汉时期的人们都自认是颛顼后裔，跟商比较亲近，紫色才又找回了格调。天上的天帝居住的叫"紫微垣"，人间的帝王居住的叫"紫禁城"，祥瑞之气叫"紫气"，都是这个原因。

星空中的所有恒星都绕着北极转动，就好像地面上所有人都围着皇帝转一样，所以我国古代传统上把北极当作"上帝"。这里的"上帝"指的是中文语境里的"昊天上帝"，后来才被借用来指代耶和华，为了不跟后世的用法混淆，我们将其称为"天帝"。

北极是天帝，距离北极最近的星就是天帝的化身，用天帝的名字来命名。不过这里问题就来了，前文提到过"岁差"这种现象，地球在宇宙空间中自转的时候，自转轴的方向会慢慢地、很轻微地摆动，所以自转轴指向的北极也就会在星空中慢慢地移动。有多慢呢？26000年转一圈，26000年之后，北极回到原先的位置。

所以在不同的时代，北极的位置不一样，距离北极最近的星也就不一样，而曾经被命名为天帝的星星，几百上千年后可能就会被"谋权篡位"，被另一颗星星抢去头衔。所以紫微垣有一颗星星叫"帝"，有一颗星星叫"天乙"，还有一颗星星叫"太乙"，它们都是曾经的天帝，暗示着北极点的移动。

天乙和太乙都是四千多年前的北极星，"帝"是三千多年前周公时代的北极星，在它之后很长时间，星空中没有足够接近北极的星星，所以它在后来的星座系统中一直维持着天帝的地位。我们现在的北极星在古代叫"勾陈一"，勾陈这个星座从先秦时代就被认为代表着天帝的后宫，其中勾陈一最亮，算是天帝的"正妃"，现在它登上了北极星的宝座，而且距离北极比历史上大多数的前任北极星都要近，也可以说是一出星空中的后宫女主逆袭剧了。

北极这位星空中的天帝，被一左一右两道弧形的由星星组成的垣墙包围着，这就是紫微左垣和紫微右垣，左八右七，一共十五颗星。组成垣墙的这些星星的名字，一看就知道是文武官员，比如少丞上丞、少宰上宰、少辅上辅、少尉上尉、左枢右枢之类，意思是正副丞相、正副宰相、正副辅导、正副廷尉、正副枢密，都是历史上曾经出现过的官职，不过不会全部同时存在。垣墙并不是紫微垣的边界，在墙外也有不少星座属于紫微垣的范围，是为这个皇宫提供后勤和保卫的各种人员、物品和设施。

作为星空中的老大，北极天帝身边还会有各种皇族、内廷官员和内廷设施。在司马迁的时代还比较少，只说了帝星附近的几颗是天帝的儿子，勾陈星座是后宫的妃子们，垣墙也就是笼统一说，没有挨个给出名字。

从汉代开始，全民信奉"天人感应"，按照"在野象物、在朝象官、在人象事"的原则，反正就是各种建筑、官职、物品全都朝天上贴，西汉的《史记》一共写了88个星座，东汉的《汉书》增加到118个，到了《步天歌》的时候，全天就有283个星座了。这个时候的紫微垣就很有个皇宫的样子，各种人物和设备都很齐全了。

　　首先是帝星身边一左一右，是他的两个儿子，这两颗星的名字分别是"太子"和"庶子"，附近还有后宫、御女这样代表妃嫔的星；然后有各种官员，比如"尚书""四辅""女史""柱史""大理""三公""三师"，跟组成垣墙的那些星星的名字一样，这些官职也都是历史上确实有过的，直至近代，我们还把有知识的女性尊称为"女史"。"勾陈"星座里的星是妃子们，她们旁边有"六甲"，就是《西游记》里曾护佑唐僧的几位小仙"六丁六甲"中的六甲。古代宫廷里每到岁末要上演一种叫"傩"（nuó）的仪式驱鬼，这种习俗到了《步天歌》问世的隋唐时期达到鼎盛，六丁六甲就是傩仪式上的角色。虽然天帝自己就是最大的神明，天上的宫廷里似乎不需要驱鬼仪式，但人们也将它映射了上去。

　　垣墙内外还有"天床""天厨"等设施，"天枪""玄戈"等武器，吃的粮食是比五谷还多出三种的"八谷"星座，旁边还放着"天棓（bàng）"星座，准备给谷物脱壳，就连台阶都有"内阶"这个星座来代表，看起来天帝住在这里，什么也不会缺。

　　紫微垣的垣墙没有合拢，留下两道城门，银河岸边的那一道城门是后门，门口放着天帝值班的宝座"五帝内座"星座，古人设想天帝在不同的季节应该坐在不同的方位办公。宝座旁边是撑在天帝头顶上的华盖，我们看古装剧，皇帝出行时，头上会有一顶华丽的帷盖，好像遮阳伞一样，这就是华盖。我们有时候形容运气不好说"运交华盖"，指的就是这个"华盖"星座。华盖的柄也是一个星座，叫作"杠"。

离帝星比较近的城门是紫微垣的正门，叫"阊阖（hé lú）门"，"阊阖"是房屋的意思。北斗就在阊阖门外，它在划分出三垣的时代，已经离北极比较远，落到垣墙外面去了，但它仍然属于紫微垣。这时的它成了天帝的座驾，天帝乘坐着它巡游四方。

03．北斗在古代象征着什么？

最初，北斗是整个星空的中心，曾被当作北极星。由于岁差，北斗离北极越来越远，成为天帝的车子。北斗曾经有九星，叫作"九魁"。北斗一方面是"璇玑"，一种代表美德的玉器；一方面是"九魁"，代表星空的森严与威仪。此外古人认为北斗还跟鬼神和死亡有关，有镇鬼驱邪、辟兵压胜的能力。

汉代人说"斗为帝车"，今天我们还能看到当时留下的浮雕，一个帝王模样的人坐在由北斗构成的马车里，北斗的勺头是车厢，勺柄是车辕，这辆车不用马儿拉动，也能一年四季不断移动。

在中国古代天文学的起源时期，北斗可以说是整个星空的中心，当时它非常接近真正的北极，甚至可能一段时间里被作为北极星对待。但是由于岁差的存在，渐渐地北斗离北极越来越远，到后来就已经落到紫微垣的垣墙外面了。不过它还是星空这个大时钟的指针，因为一年四季里特别明显的指向变化，人们想象这是它载着天帝巡游四方。司马迁说"斗为帝车，运于中央，临制四乡"，我们前面也讲过北斗是怎么告诉人们时间和月份的，也就是所谓的"建四时，定诸纪"，年、月、时的地支名称都和北斗有关。只有每一天的干支不由北斗的指向确定，而是单纯地循环计数。这种用干支编号来指代日子的"干支纪日法"从商代就开始使用了，更厉害的是它从春秋时期的鲁隐公三年，也就是公元前720年到现在，一百余万天一直没有中断，是现在世界上已知连续时间最长的纪日法。除了这些，司马迁还说北斗"杓携龙角，衡殷南斗，魁枕参首"，也就是说，二十八宿的位置都能从北斗找出来。特别是北斗的斗柄所指，决定了星空的起点。所以它虽然已经落到了皇宫的大门外，但是仍然有着非常重要的地位。

除了北斗这个名字，它还有不少别名。我们最熟悉的应该是"璇玑"和"玉衡"，《史记》说"璇玑玉衡，以齐七政"，古诗里又说"玉衡指孟冬，众星何历历"，一般是用璇玑代指勺头，也就是"斗魁"的四颗星，玉衡代指勺柄，也就是"斗杓"的三颗星。现在我们一般把北斗七星里的第二颗星叫天璇，第三颗星叫天玑，第五颗星叫玉衡，这套命名法就是从"璇玑"和"玉衡"的名字演变来的。

七颗星的名字依次是天枢、天璇、天玑、天权、玉衡、开阳、摇光，最早的记载是在东汉，不过我们中的许多人，可能都是从武侠小说里的"天罡北斗阵"第一次接触到这些名字的。

除此之外，我们之前讲过，北斗曾经有九星，九颗星有一个总称，叫"九魌（qí）"，"魌"字的写法是"鬼"字旁里面一个斤两的"斤"。为什么斤两的"斤"字会跟北斗发生关系呢？有学者考证，"斤"代表中国在石器时代的最原始的工具，也就是斧子的"斧"的原型，我们看现在的"斧"字下面也有一个"斤"，所以"斤"这个概念地位崇高。北斗一方面是"璇玑"，一种代表美德的玉器；另一方面也就是天上的"斤"，代表星空的森严与威仪。北斗九星末端的招摇和玄戈"击打"周天，让天地四时有序运行，所以《汉书》里说"十六两成斤，四时乘四方之象"。

那么，古代的一斤为什么是十六两呢？并不是祖先故意要增加计算难度，而是跟天地运行相关联的。北斗的旋转是如此神圣，以至许多先民文化中都有描述这种旋转的纹饰，那就是后世佛教也常使用的"卍"字符号。

北斗九魌的这个"魌"字，带一个"鬼"字旁。其实，北斗七星中的每一颗星，都单独有一个带"鬼"字旁的名字。比如我们最熟悉的应该是斗魁的"魁"字，斗魁代表北斗的勺头，这个字就是"鬼"字旁加一个"斗"字。

这是因为北斗在古人的心目中，一直就跟鬼神和死亡有关，我们看上古的古墓里，地位最尊崇的那些人士的墓里总是有北斗的形象，比如 6500 年前的濮阳西水坡仰韶文化遗址，有一个墓室里放了一组用蚌壳堆塑成的图案，东边是一条龙，西边是一只老虎，中间墓主人的脚下，是用两根人腿骨加一堆蚌壳组成的北斗。

这是一幅古老的简易星空图，苍龙星座和白虎星座被中间的北斗联系起来，而墓主人乘坐着北斗，被送到星空中。后来周代的古墓，特别是从东周起，墓主人的头部往往是朝向北方的，这也是古代"魂归北斗"的风俗留下的痕迹。直到近代，许多地方的丧葬习俗里，还要在死者身下放七枚铜钱，摆成北斗七星的形状。北斗和死亡的联系，可以说是源远流长。

虽然北斗自己一直有着鬼气森森的一面，但另一方面，人们又相信北斗可以驱邪压胜。关于这种信仰，学者们各有考证说法，其中一种跟北斗在星空中的位置有关。前面说了，北斗勾连着二十八宿的位置。二十八宿环绕着周天，不会全部同时出现在星空中。那些看不见的怎么判断它们的位置呢？答案是：看北斗就行了。有名的湖北随州曾侯乙墓中，一只漆箱的箱盖上，就有二十八宿围绕着一个巨大的"斗"字的图像。二十八宿里有一个鬼宿，位置大致相当于黄道十二星座里的巨蟹座，这一宿里没什么亮星，最有名的天体大概要算"鬼宿星团"，中国古代叫"积尸气"，就是巨蟹座黄金圣斗士的那个大招。鬼宿的位置正好在北斗的斗魁下面，被

"帝车"的车轮子死死压着。有学者就认为，可能正是因为这一点，北斗有了镇鬼驱邪甚至辟兵压胜的能力。

最相信北斗这个功能的古人莫过于西汉末年篡夺政权建立"新朝"的王莽，他特地用黄铜铸造了迷你的北斗，叫"威斗"，专门让一个随从捧着跟着他到处走，甚至在新朝覆灭前夕，军队马上就要攻打进皇宫的时候，他还拉了一个"天文郎"，就是那时的官方天文学家，替他用推算方位的"式盘"来推算北斗的方位，他自己就跟随着北斗的移动，来变换座位，他认为在北斗的保护下，自己就不会被乱兵杀死。

当然了，这个故事的结局是怎么样的，我们都已经知道了。这个推算方位的"式盘"，我们大部分人虽然可能都没有见过，但一定曾经见过非常类似的样式。式盘是一个方方正正的盘子，四周刻画着二十八宿，中间是北斗七星。如果把这个盘子周围的二十八宿换成代表方位的符号，再把北斗七星这个平面的勺子换成一把立体的勺子——没错，现代学者根据典籍记载，试图复原古代传说中的"司南"的时候，就是照着式盘的样式来做的。

04. 星空中的中央政府是怎样的？

天帝住在紫微垣，到太微垣处理政务，其中有辅、弼、丞、卫等内廷官员，有城门、照壁和负责通报的小官，还有三公、九卿、五诸侯等中央政府的高官。在太微右垣外还有祭祖和发布政令的"明堂"以及观测天文的"灵台"。

早期古人对星空的划分，是东、南、西、北、中五大块，又叫"五宫"。一开始中宫管得不多，只是北极周围每天都会出现的那一块，四周的恒星分东、南、西、北四宫。清代学者钱大昕考证认为，太微垣在原本南宫朱鸟也就是南宫朱雀的范围内，天市垣在原本东宫苍龙的范围内。后来演变为三垣二十八宿系统，中央天区分出三垣，周围沿着天赤道和黄道一圈是二十八宿，紫微垣、太微垣和天市垣这"三垣"，不再只是一个大星座，而是各自"认领"了一片天区，把各自垣墙外的一些星星也包括了进来。

和紫微垣一样，太微垣也有左右两道垣墙。紫微垣的垣墙是辅、弼、丞、卫等内廷官员，太微垣的垣墙是将、相、执法等外廷官员，区别很明显。天帝住在紫微垣，到太微垣去处理政务，宫城和皇城各自区分开。我们看现在的故宫，也是前朝后宫分得很清楚。不过，这方面最典型的还得算是隋唐时期的东都洛阳，干脆就把宫城叫"紫微城"，把皇城叫"太微城"，天上和人间遥相呼应。

太微垣的两道垣墙，不像紫微垣那样差不多刚好环抱起来，而是有点儿像一对张开的翅膀，南侧收得比较窄，有点儿像城门，北侧则是开放式的。这倒也不奇怪，有学者认为，太微垣的这两道垣墙，最早本来就是南宫朱鸟的两只翅膀。

垣墙在南边留出的城门叫"端门"。端门的两边，是左右执法，左右执法的两边各自是左右掖门。我们刚才说的隋唐东都洛阳城，皇城太微城南边的三道门，也分别叫端门和左右掖门，一个字都不差。需要注意的是，这里所说的左边是东，而右边是西，因为天帝也好，天子也好，都是坐北朝南，这跟我们平时习惯的地图方向不大一样。接下来两边的将相分立东西两边，两两相对，东边的相对着西边的将，东边的将也对着西边的相。

从端门进去，首先遇到一个星座叫"内屏"，这是正对着大门的一座墙，防止外人从外面看见门里的情况，隔绝内外，显得非常正式和威严。现在我们去古代建筑参观，不管是故宫还是其他深宅大院，都能看到门口正对的"照壁"，就是这么个星座。门口待着一个小星座，叫"谒（yè）者"，这是君王身边负责传达、通报的小官。

垣墙里面有三公、九卿、五诸侯，还有郎位，这些都是汉代常见的官职。我们看三国故事，经常说谁家"四世三公"，意思是这个家族连续四代都有人当上三公这个级别的大官，门第非常厉害。三公这个星座有三颗星，九卿这个星座呢，其实也只有三颗星。历朝历代的三公九卿具体指的官职不太一样，不过都是中央政府的高官。

"郎位"指的是郎官，最早是君王的侍从们，这个星座后来到汉武帝手里变成了青年干部培训和选拔基地，人数多的时候达到几千人，许多文臣武将都当过郎官。这个星座的恒星数量比较多，足有十五颗。这样，一个中央政府所需要的领导和办事员就都齐全了。不过，这还不算，君王总得考虑到还有人才遗落在外，所谓"高手在民间"，这些人用"少微"星座代表，位于垣墙北门边上，离中央政府很近。

紧挨着少微星座的北边，就是"三台"星座，这里用三级长长的台阶代表着天帝上下的阶梯，也有人说是代表君主、臣子和庶民三个不同的阶级。

除了文官，太微垣这座中央政府所在的皇城，当然还得有卫戍部队，这就是"虎贲"和"常陈"星座。率领它们的武将是"郎将"，在人间对应统领禁军的"中郎将"。历史上"中郎将"这个官职可是大大有名，周瑜、诸葛亮、曹丕这些人都当过中郎将。

所有这些文武官员围绕着天帝的宝座——五帝座。跟紫微垣里的五帝内座不一样，这是天帝正式办公时的五个座位，位于太微垣的中心。那么为什么分了五个座位呢？这是为了对应五行学说，古代人们认为天帝在不同的季节要坐在不同的方位，这样才能顺应天时，具有充分的统治合法性。五帝座中间一颗星，两边各两颗星，形成一个很扁的"X"形状，其中比较窄的那一对交角的角度，恰好跟黄道和赤道的交角一致，给天帝的这具宝座增添了更多的权威色彩。

五帝座背后跟着"太子"星——紫微垣里也有一颗"太子"星，不过紫微垣里还有"庶子"，一家人住在一起，但来太微垣处理政务，就只有太子能跟着了。除了太子，还有"从官"和"幸臣"这类总是紧跟在天帝身边的人物，这种事情就真的是非常"天人合一"了，天上和人间完全对应。

太微垣西边的垣墙，也就是太微右垣的外面，从南到北有三个附属于太微垣的建筑。最南边是"明堂"，这是天子祭祖和发布重要政令的地方，据说从周公时就有了。后来历朝历代都有修建。《木兰辞》里说花木兰"归来见天子，天子坐明堂"，就是这个地方，"明堂"按照礼制应该修建在城南，所谓"布政之庙，在城之阳"，现在我们还能看到有一座保留至今的明堂建筑，那就是北京天坛的祈年殿。

在明堂的西北边，有一个星座叫"灵台"，这是古代的观象台或者说天文台，也就是天文学家工作的地方。按理说天上并没有另一个天需要观测，不过按照"天人合一"的原则，还是把它映射了上去。古代讲究"观天象以定吉凶"，对天空的解读是帝王必备的参考，所以不管是哪朝哪代，都需要有这么一个灵台。

再往北走，第三个代表建筑的星座叫"长垣"，这里的"垣"字就是"太微垣"的那个"垣"，代表城墙。"长垣"是天上的长城，护卫着太微垣。现在河南还有个"长垣县"，因在秦始皇时期曾有一道防护的长垣而得名。

05.星空中的贸易市场是怎样的?

天市垣中场景是天帝带着诸侯巡查都市。有"帝座"还有左右垣墙代表的22个诸侯,有管理皇族日常事务和采买的"宗""宗人""宗正",有代表测量器具的"斗"和"斛",还有市场管理机构"市楼"和售卖商品的"车肆""列肆""帛度""屠肆"等,此外还有掌管天下纲纪的"天纪"星座和关押犯人的"贯索"星座。

在三垣里,紫微垣环绕着北极,是星空的中心,所以叫中垣;太微垣是政府所在地,在三垣里算是上垣,位于南宫朱雀七宿的北边;而天市垣则是三垣里的下垣,位于东宫苍龙七宿的北边。

《晋书·天文志》说天市垣里的场景是天帝带着诸侯在巡查都市,所以天市垣的垣墙左东右西各十一颗星,一共二十二颗星星,大都是春秋战国时期诸侯国的名字。右垣是河中、河间、晋……一直到韩,左垣从围魏救赵的魏和赵开始，经过九河、中山等国，一直到宋。

大领导视察的当然不是随便一个什么市场，这里是一个非常全面的贸易市场，设施和机构齐全，而且有专门的官员管理。左右垣墙代表了二十二个诸侯，垣墙环抱的正中心有一颗星叫"帝座"，这又是天帝的宝座。

我们已经在紫微垣和太微垣见识过他的宝座，那是常驻的正式宝座，对应季节分为五个方向。那么有人就要问了，一年不是四季吗，怎么要分五个方向？这是因为战国时候阴阳五行学说盛行，把什么都跟五这个数对应起来，也曾经把一年分成五季。当然，事实证明这样划分季节是不行的，不行的原因也挺简单的，人们已经习惯了一年十二个月，十二可以被二三四整除，但五不行。但是，历史上有短暂的将一年分为五季的痕迹，留在了星空中的五帝座和五帝内座这两个星座上。它们的形状都是一颗星在正中，另外四颗星占据四个角，好像麻将牌里的五饼。五颗星连成一个叉，中文里一二三四五的"五"字，最早的写法也是一个叉，后来在这个叉的两端各加一横，一代表天，一代表地，中间的笔画也弯曲变形，这才成了现在我们熟悉的"五"字。

再说回天市垣里的这个"帝座"跟其他两垣不同，这里天帝的宝座只有一个。当然，旁边还得有伺候的人，帝座西南有一个星座叫"宦者"，就是随时伺候天帝的宦官，帝座东北还有一颗星叫"候"，等候的"候"。"候"在这里是"观测"的意思，我们知道东汉科学家张衡发明了"候风地动仪"，用的就是这个"候"字，这颗星代表的是帝王带在身边的天文学家，或者用中国古代的话说，是"日者"，就是以占卜天候为业的人，《史记》里专门有一篇《日者列传》。整个天市垣里就数这个"日者"最亮，这让人不得不怀疑古代的天文学家在命名星座的时候有那么几分私心。

在帝座的东边靠着垣墙，一溜儿有三个容易混淆的星座，最北边的叫"宗"，另外两个并排在南边，一个叫"宗人"，一个叫"宗正"。这都是皇族的官员，有的管理皇族的日常事务，有的管理皇族的礼仪和政务。我们看明清时代的古装剧经常出现"宗人府"这个机构，管理宗室的事务，大致跟这几个星座差不多。当然，他们跟天帝一起到这个市场来，也有可能是为皇室的用度来采购的。

既然是一个市场，那统一的度量衡就是必需的，类似于菜市场里的"标准秤"，天市垣里也有两个代表器具的星座，一个是"斗"，一个是"斛"。斗是量液体的器具，"李白斗酒诗百篇"，斛则是量固体的器具，古诗里有"一斛明珠换绿珠"。天市垣里的这个斗不是二十八宿里的斗宿，只是一个小星座。加上北斗和斗宿，星空中一共有三把斗，看来斗真的是古人生活中特别常见的器具啊！

那么，天市垣这个大贸易市场里都卖些什么东西呢？让我带你来看一下。

从南门开始，一进门是"车肆"星座。这里可不是卖车的4S店，车肆指的是那种用小车推着货物贩卖的零售百货店。现在我们有时候商场促销，有好多商品放在花车里卖，差不多就是那样的。除了零售百货的"车肆"，再往里走，天市垣里还有卖珠宝玉器的"列肆"、卖布匹丝绸的"帛度"和卖肉的"屠肆"，古人日常需要的所有东西都能在这里买到，而且有公平的度量衡，有官员维持秩序。就在刚刚提到的车肆星座的对面，就是市场管理机构——"市楼"星座。这是市场里的制高点，官吏站在上面可以对整个市场一览无余。后世也把酒楼称为市楼，不过天市垣里的这个市楼并不是吃喝的地方。

我们语文课本里有一首诗歌叫《天上的街市》，作者郭沫若把天上的明星想象成街灯，进而又想象出美丽的街景和珍奇的货物。天市垣正是这样的街市。诗歌里又说到牛郎织女涉过银河相见，这两颗星就在天市垣的墙外。银河沿着天市垣的东墙流过，这一段银河非常明亮，在银河的中心有一道黑暗的星云，像是一道长长的沙洲把河水一分为二，天市左垣的垣墙有一大段就在银河中央的沙洲上。然后它穿过河水蜿蜒向西，与西墙交会出北门。

北门外有掌管天下纲纪的"天纪"星座，旁边是排列成一个"U"形的"贯索"星座，贯索别名"天狱"，是关押犯人的监狱，但这里关押的只是普通犯人。那犯了法的达官贵人关在哪儿呢？达官贵人不会被关在天市垣这边，他们犯法会被关在太微垣的北边，三台旁边的"天牢"星座，或者被关在北斗斗魁里的"天理"星座。天上和人间一样，也有阶级的分别。

06．星空中竟然还有高速路?

人们将太阳在天空中的运行路线称为黄道，太阳、月亮和五大行星都沿着黄道移动，因此黄道也就成了星空帝国最重要的一条"高速公路"。

在中国古代天文学诞生的时候，人们最为关注的是星空中的一个点——北极点和围绕北极点的一个大圆——天赤道。中国古代天文学的一大特点，就是对北极和天赤道的格外关注，以及基于它们建立的赤道坐标系统。不过，人们当然也很早就意识到，在不同的季节，太阳与北极的距离是有所不同的。在夏天，太阳更靠近北极，冬天则远离北极。所以古人早就知道，太阳在天空中不是沿着天赤道运行的，而是有自己的一条路线。太阳在蓝天的映衬下，呈现出温暖的黄色，所以古人就把太阳的运行路线称为黄道。

太阳沿着黄道运行，肉眼清晰可见的五

颗行星也沿着黄道运行。月亮虽然并不沿着黄道运行，但它的运行路线和黄道的夹角很小，差别不大。于是，星空里有明显移动的七个天体：太阳、月亮、五大行星，看起来都在同样的一条路线上移动。

从东汉开始，浑天说也就是"天之包地，犹壳之裹黄"，把宇宙比喻成一枚鸡蛋的观念，已经取代了盖天说，也就是"天象盖笠，地法覆盘"的观念，人们根据太阳和月亮在黄道上的位置来度量它们的运行。

于是，黄道也就成了星空帝国最重要的一条"高速公路"，天文学家则是这条路上的"交警"，时刻仔细监测着这条道路上的各种变化。太阳、月亮以及五大行星是有合法行车牌照的天体，它们的移动，除非来到特别的地方，或者产生了停留和逆行，否则不至于引起特别的注意。但如果在黄道之外，有其他天体在星空中移动或者出现明显变化，一般来说就会引起恐慌，认为这是要出大事了。比如有彗星或者流星出现在北斗附近，古人就认为这要么是君王有危险，要么是天下要打仗，总之一定不是好事。

现在一说起黄道，我们立马想起的肯定是"黄道十二宫"。黄道十二宫是一个西方的概念，它最早是随着佛教的传入从印度那边传来的，所以我们看现在黄道星座的中文名字，能看出很深重的佛经的影子。

比如宝瓶座，在古希腊原本的形象是一个给诸神倒水的美少年；到了中国被翻译成"宝瓶"，这就是一个佛教术语，是对佛教法具里各种瓶器的尊称。宝瓶这个形象是佛教八吉祥之一，八吉祥里还有一样东西我们应该听起来也很耳熟，那就是"双鱼"。当然双鱼座在古希腊原本的形象也是两条鱼，但这个中文名字还是跟佛教文化有着丝丝缕缕的关联。

又比如摩羯座，它的形象是上半身羊、下半身鱼，在古希腊神话里是山林之神潘的化身，但它的中文名字来自印度神话里的海兽摩伽罗（mó qié luó），是恒河女神的坐骑，佛经里描述它是一种长着巨大嘴巴的水生动物，有人猜是鳄鱼，有人猜是鲸鱼。后来玄奘法师把这种海兽的名字翻译成"摩竭"，原本用的是枯竭的"竭"字，再后来为了表达摩羯座半羊半鱼的形象，才又换成了"羊"字旁的"羯"。

西方的黄道十二宫沿着黄道分布，把黄道等分成十二段，用当时位于每一段的星座来命名。白羊座所在的那一段叫白羊宫，金牛座所在的那一段叫金牛宫。等分黄道这个事听起来是不是有点儿耳熟？对，我们中国的二十四节气也是这么干的。不过我们等分的是二十四份，西方是十二份。所以从春分开始，每两个节气就是一宫。要是你拿不准自己出生在哪一宫，那不妨回头翻翻出生那一年的节气日子。

黄道十二宫原本只是一种简易的太阳历，根据太阳在黄道上的运行来规定月份，后来占星学家发展出种种非常复杂的理论，来把一件事发生时各种天体在黄道上的位置，跟这件事的未来发展联系到一起，特别是对个人命运的推测，这是源于西方的占星理论。中国本土虽然也讲究"天人合一"，但那是天上和人间合一，天象指示的是关乎整个人间的军国大事，不是天象和个人合一，天象不会为一个普通人指示什么事。所以后来民间流传的各种算命和预测吉凶，虽然都顶着"传统"的名头，但是，真细究起来传统不到根儿上，倒是跟西方的星座相似。

我们说回等分黄道。二十四节气把黄道分成二十四段，每一段刚好是黄道十二宫的一半。十二这个数字在中国古代天文学中也是非常常见的，屈原在《天问》里就问过"天何所沓？十二焉分？"。古代曾经把周天划分成十二辰和十二次，十二辰是按照北斗的运行划分的，十二次是按照木星的运行划分的。在一年里每个月的黄昏时分观察北斗，发现斗柄指向十二个不同的方位，这样就把周天划分成十二辰，对应的是子丑寅卯直到申酉戌亥的十二地支。它不仅跟十二宫一样各自代表一个月份，还和一天里的十二个时辰，乃至十二年一个周期里的每一年都一一搭配，年、月、时都因此对应上了地支，这才有了后世常说的"十二生肖"。这种划分方式跟月相的变化没有关系，所以划分生肖传统上是以节气为准，以立春这一天开始起算。哪怕一个人的阴历生日在腊月，还没有过年，但只要阳历生日已经过了立春的这一天，那么他的属相就该算到下一年的生肖上。在计算本命年的时候也是一样，从一个立春起算，到下一个立春的前一天为止，这样每一年的长度可以保持统一，不会像农历年那样有的年份长、有的年份短。

跟十二宫更相似但用途不同的是根据木星（古代叫岁星）的运行划分的"十二次"，木星在星空中大约每十二年绕行一周，每年前进的距离大约就是黄道的十二分之一，由此把黄道分成了十二段，这就是"十二次"。十二次的排列顺序和十二宫相同，与十二辰则相反，一个从西向东，一个从东向西。为了把这两者统一起来，人们假想出了和岁星同样在黄道上运行，速度相同，但方向相反的"太岁"。后来"太岁"从星空中一个虚拟的天体，演化成了民俗中的太岁神，人们认为它在地面上相应木星的运行而反向移动，每一年在不同的方位，人间的各种活动需要避开它，万一碰上发生了不好的事情，这就是俗话里常说的"犯太岁"。

黄道这条天上的高速公路，东方和西方的古人都靠观测它的"路况"获得许多信息。它紧挨着太微垣和天市垣的南门外经过，穿过星空中的一个由星座构成的古战场，再经历霹雳、云雨和雷电这样的代表各种天气的星座，还有天街、天关这样的代表街道和关卡的星座等。除此之外，在黄道的沿途两侧，还有着二十八宿的各种风景。

07．五大行星在古代叫什么名字？

在古代，水星有授时的作用，叫"辰星"。金星非常明亮，被称为"太白"，金星总是离太阳不远，早上出现在东方时叫启明星，晚上在西边时叫长庚星。火星的颜色发红，运行复杂，被称为"荧惑"。先秦时曾用木星的位置纪年，因此木星也叫"岁星"。古人认为土星二十八年运行一周，与二十八宿对应，每年镇守一宿，所以叫"镇星"。

黄道，这条星空中的高速公路是古代天文学家的重点监测对象之一，太阳、月亮和行星都沿着它移动。太阳和月亮在天空中不消说是非常显眼的，除此之外，星空中还有几颗格外明亮的星星，它们最大的特点，是会沿着黄道在星座之间缓慢移动，不会跟其他星星组成固定的星座，这就是肉眼可见的金、木、水、火、土五颗行星，古代合称为"五星"。古人很早就察觉了它们的特别之处，把五星当作仅次于太阳、月亮的特殊天体来对待。五星在星座间移动到哪一个位置，速度和亮度如何变化，中国古代的占星师们都认为是有着各自不同的意义，要对它们进行严密观测和细致解读。

不过，最早的时候，它们并不叫金星、木星、水星、火星和土星，而是另有其名。

水星在古代，大名叫"辰星"，这个"辰"是时辰的辰。为什么叫这个名字，学者们大致有两种说法。第一种说法认为水星离太阳很近，最远最远也不超过30°，据前文所述，古代把周天划分成十二辰，一辰就是30°，所以水星和太阳的距离，总在一辰之内，于是就被叫作"辰星"。第二种说法也是因为水星离太阳很近，所以古人曾经有一段时间，通过水星的位置来大致判断太阳的位置，从而判断季节。在湖南长沙的马王堆汉墓里，出土的帛书上有记载说"晨（辰）星主正四时"，春分时在娄宿，夏至时在井宿，秋分时在亢宿，冬至时在牛宿。因为水星离太阳很近，实际上这是代表当时太阳所在的方位。所以水星跟北斗一样，上古时期也有授时的作用，北斗又被称为"北辰"，而水星也就有了"辰星"的名号。

除了水星，金星也是常伴太阳左右的一颗行星。金星最大的特点是非常明亮，夜空中除了月亮，没有什么天体比它更显眼。我们要是在入夜后的西方看到一颗星星亮得让你怀疑是 UFO，那多半就是金星。所以金星在古代的大名叫"太白"，"白"在这里是亮的意思，太白就是超级无敌亮。因为它非常亮，东西方文化对它都有许多遐想，不过文化的对比在这里就很明显了，西方神话里把金星想象成女神，它的明亮代表着美丽，到现在我们看金星上的各种地名，天文学家用来给各种地形地貌命名的那些名字，都是地球上各个民族神话里的女神的名字。中国传统上呢，金星的形象是男性，有时是大臣，有时是大将，它的明亮代表着聪明和正义。《西游记》里面的太白金星就是一个聪明得带点儿狡猾的老头儿。

金星还有另外两个我们熟悉的别名，《诗经》说"东有启明，西有长庚"，金星总是离太阳不远，早上出现在东边时叫启明星，晚上出现在西边时叫长庚星。启明的名字很直白，接下来天就要亮了；长庚这个名字，其实还是在说金星很亮，在太阳落下去之后，它还接替太阳，继续明亮一阵子，好像延续了太阳的光辉一样，让白天延长了，所以叫长庚。其实《诗经》里还曾经直接把金星叫作"明星"，有一首诗叫《东门之杨》，说的是一对情侣在黄昏约会，就说"昏以为期，明星煌煌"，这里的明星不是随便哪颗亮星，那样就代表不了时间了，只有金星，代表着黄昏，"约好在黄昏时分的金星下等你，你可不要不来啊！"还有一首诗叫《女曰鸡鸣》，是两口子在清晨的对话，妻子催丈夫起床，丈夫犯懒赖床，说时间还早呢，妻子就说"子兴视夜，明星有烂"，你自己起来看看，金星都升起来了，天不早了。启明、长庚、明星，都是金星的俗名。不过在正式的史书里，最常见的还是"太白"这个大名。

水星和金星的运行轨道都在地球轨道的内侧，只会在清晨和黄昏前后出现，火星、木星和土星的运行轨道则是在地球的外侧，它们可能出现在夜晚的任何时候。火星在古代的大名叫"荧惑"，"荧"是烛火的意思，说它的光是火光那样的红光。我们现在如果有机会在天气比较好的时候看到火星，也能分辨出它的颜色发红。我们的眼睛在光线微弱的情况下对颜色不敏感，所以看满天的星星大多只是一个白点，只有最亮的那些星星才能察觉它们的颜色，所以火星还是非常亮的。不过它的亮度不像金星那么稳定，因为火星与地球的距离变化非常大，它跟我们的距离最远的时候是最近时候的五倍，所以看起来亮度经常变化。同时火星在星空中的运行轨迹也是五颗行星里最复杂的，顺行和逆行的变化非常复杂。亮度和运行情况都让人迷惑的这么一颗行星，颜色好像火光一样的红色，这就是"荧惑"这个名字的来源。在东西方的文化传统中，都把火星的红色与鲜血联系起来，不过西方把它想象成战神，是一个强壮的成年男性的形象，而中国传统上常常把民间的一些童谣归到火星名下，认为是"荧惑"化身为穿红衣的小男孩，向凡间的孩童传授这些童谣。比如童谣"龙尾伏辰"，根据史书记载竟然被作为了开战的根据之一，它就被认为是"荧惑童子"干的好事。

　　跟火星比起来，木星和土星的运行就显得很有规律了。我们前面已经说过，木星在星空背景中运行的周期差不多是十二年，每一年在黄道上前进大约 30°，并因此把黄道分成了十二段，也就是我们上一节讲过的"十二次"。先秦时曾经使用木星的位置来纪年，所以木星在古代的大名是"岁星"，我们之后还会仔细讲讲这个"岁星纪年法"。土星也有些类似，它在星空背景中运行一周大约二十九年半，但古人早期测量不大精确，认为它二十八年运行一周，那么正好和二十八宿对应，每年"镇守"一宿，所以叫"镇星"，有时也把镇守的"镇"字改成"土"字旁，叫"填星"。这两个字在古代的读音相似，意义也相通。镇是镇守，填是安定。岁星和镇星，都是以运行规律来命名的。

　　在先秦时期，五星还没有用五行来直接命名，从汉代开始，才出现了直接把行星称为金星、木星、水星、火星和土星这样的叫法。不过在之后的很长一段时间里，荧惑、岁星这样的名字和火星、木星这样的名字都混合着使用。到了现代，人们才更偏好金木水火土这样更简洁、更便于记忆的名字，而渐渐忘记了它们的本名。

08．古代的纪年方法有哪些？

古代用木星的位置来标记年份，木星又被称为"岁星"，用木星位置来标记年份的方法就是"岁星纪年法"。古人用北斗斗柄指向将周天分为十二份，叫"十二辰"。由于太阳从东向西运行，分为十二时辰。而岁星是由西向东运行的。因此人们假想出一个虚拟天体"太岁"，跟岁星保持相同速度，但是反着走，给每一年对应上一个干支，这就是"太岁纪年法"。

岁星是木星在上古的本名，我们前面已经提到过好几次岁星这个名字的由来。究竟是先把木星叫作岁星，然后再把一年叫作"一岁"呢，还是先有"岁"，后有"岁星"呢，学者们意见不一。不过总之，岁星的"岁"，就是年年岁岁的"岁"。用木星的位置来标记年份的方法，就是"岁星纪年法"。

那么，木星的位置要怎么标记呢？原来，跟西方的黄道十二宫一样，中国传统的十二次也各有一个名字，依次是星纪、玄枵

（xuán xiāo）、娵訾（jū zī）、降娄（jiàng lóu）、大梁、实沈、鹑首、鹑火、鹑尾、寿星、大火、析木。十二次的名字一多半都生僻拗口，我们不用特别去记住它们，只要记住古人说"岁在星纪""岁在鹑火"等的说法，差不多相当于我们现在说"牛年""马年"，这样就能把一年和另一年区分开了。别看这种纪年法好像过于简单，对战国时期的人来说，已经是相当实用的办法了。当时全天下分成好多个国，国与国之间的纪年方法并不统一，都是按各自的王在位的年数，"三年""十年""十二年"这样喊，连个年号都没有——年号是汉武帝时候的发明。我们看《春秋》《左传》，每一卷开头都是"六年春""七年春"，这是鲁国的史书，每个国家的国君在位的时间不一样，换了别国就得换算，这是相当麻烦的一件事。相比之下，不管你在哪一国，木星的位置总是不变的，在赵国看在哪儿，在齐国看也在哪儿，这就比较统一，容易沟通。史书上记载武王伐纣时的天象，说当时的木星在鹑火星次，太阳在析木星次，后来的历史学家就是根据这样的天象来推算当时的年代的，这也是夏商周断代工程的依据之一。

木星的十二次划分，一般认为是在战国时候定型的，比二十八宿出现得晚。中国传统重视北极和天赤道，一开始十二次也是沿着天赤道分的，后来发现跟太阳、月亮一样，得沿着黄道测算，才能把木星的运行推算得比较准，所以后来就跟西方的黄道十二宫一样，沿着黄道作了十二等分。怎么个等分法呢？还是靠二十四节气。

二十四节气的正式名称，其实应该是"二十四气"，我们现在用的公历里，每个月里面有两个"气"，靠前的那个叫"节气"，靠后的那个叫"中气"。比如立春一般是在公历2月4日，它就是一个"节气"，雨水一般是在公历2月19日，它就是一个"中气"。一年里一共有十二个节气和十二个中气，统称二十四气。不过我们中文口语不喜欢单音节的词，二十四气叫起来不顺口，所以一般都添上一个字，说是"二十四节气"。要是穿越回古代，可得注意别这么说，不然会被读书人笑话。

二十四气把黄道分成二十四段，不管是西方的黄道十二宫还是我们的十二次，都是把两个气作为一段，这样等分出十二段。不过黄道十二宫的分界点是二十四气中的"中气"，十二次的分界点则是二十四气中的"节气"。还是以前面立春和雨水为例子，立春是一个节气，它是中国古代玄枵星次和娵訾星次的分界点，雨水是一个中气，它是西方宝瓶宫和双鱼宫的分界点。虽然都是把黄道十二等分，但是十二宫和十二次，彼此之间刚好错开半个月。十二宫里面把白羊宫作为第一宫，用春分作为起点，古希腊每年春分后的第一个满月是"白羊节"，人们挑选白色的羊，用鲜花装饰起来，在赛会上选出一只最好的，就跟现在的名犬、名猫的比赛一样，非常热闹。十二次则是把冬至所在的星纪星次作为第一次，《史记》说岁星有一个别名叫"纪星"，这里用来命名了第一个星次。我们平常说"年纪"，年和纪都是时间单位，一纪就是十二年，正好是木星运行一周的时间。

用岁星在黄道上的位置来纪年，看起来直观，但是用起来不是非常方便。为什么这么说呢？因为在更早之前，人们已经习惯了用北斗斗柄的指向来把周天划分成十二份，叫"十二辰"。中国古代特别重视北斗，年、月、时的编号都跟北斗斗柄指向的这个"十二辰"有关。十二辰严格来说是沿着地平方位划分的，它们各自的名字我们就特别熟悉了，子丑寅卯辰巳午未申酉戌亥，这就是后来的十二地支！正北是子、正南是午，所以地球仪上正南正北的经线又叫"子午线"；正东是卯，正西是酉，其他的方位再进一步细分。太阳位于哪一个方位，就对应哪一个时辰，位于正北方地平线下的时候是午夜，那就是"子时"，位于正南方上中天的时候是中午，那就是"午时"，十二时辰就是这么来的。十二辰方向是怎样的呢？我们一看十二时辰的顺序就知道了，太阳在一天里子丑寅卯这样走过来，它是由东向西走的。可是十二次呢，岁星在星空背景上，是由西向东走的。这样一来，就会出现岁星先是在子，第二年在亥，接下来在戌，再接下来在酉的情况，这也太别扭了。要知道，天干地支的顺序早在商代就已经定下来了，比起十二次少说也早了好几百年，人们的习惯已经不太可能改变了。怎么办呢？只好假想出一个虚拟的天体，叫"太岁",跟岁星保持同样的速度,但是反着走。这样做唯一的好处,就是能按照子丑寅卯的顺序这样顺下来,给每一年对应上一个干支。这就是"太岁纪年法",是干支纪年法的前身。不过战国时的古人不知道为什么不愿意老老实实用干支,把天干叫作岁阳,把地支叫作岁阴,重新发明了一套复杂的名字,比如甲寅年不叫甲寅,要叫"阏逢(yān féng)摄提格",阏逢等于天干的甲,摄提格等于地支的寅,屈原在《离骚》里说自己出生在"摄提贞于孟陬(mèng zōu)兮",其实就是寅年的正月。司马光在《资治通鉴》里就不用干支甲子,用了这一套岁阳岁阴的太岁纪年,比如"起重光大荒落,尽旃蒙(zhān méng)作噩(zuò è)",看起来像是架空奇幻小说,其实就是"从辛巳年到乙酉年"复杂的说法。

太岁这个假想的天体,既然跟每一个年份有关,又在每一年所处的位置不同,后来就在民俗里演化成了一个每年在不同方位值班的神明。古人相信当太岁在某个方位值守的时候,就不能在这个方向上开工修造房屋和道路,不然就是"太岁头上动土",会很不顺利。这本来是个方位上的忌讳,后来意义又慢慢扩大,把运气不好都归咎于"犯太岁",最终就跟天文上岁星的运行没有一点儿关系了。

09.苍龙星座原本只有六宿？

苍龙七宿依次是角、亢、氐、房、心、尾、箕，其中前六宿组成苍龙星座。角宿代表龙角，亢宿代表龙的咽喉，氐宿代表龙爪，房宿代表龙的肚子，心宿代表龙的心脏，尾宿代表龙尾。箕宿原本并不是上古苍龙星座的一部分，它代表着古代劳作时用的簸箕。

从本节开始，我们要沿着黄道展开我们的星空帝国之旅，来看看日月五星年复一年经历的风景，究竟是怎么样的。首先，从最有名的苍龙七宿开始。

苍龙星座，可以说是生活在我们这片土地上的上古先民最先认识的星座之一。我们前面讲北斗的时候说到河南濮阳西水坡古墓中的用蚌壳塑成的图像，在墓主人左边是一条龙，右边是一只虎，脚下是北斗。苍龙、白虎和北斗，不但是上古最重要、最明显的大星座，其实直到如今，也是星空中最好认的大星座。北斗七星总是位于北方，一年四季都能看到；苍龙星座的主体相当于现在黄道星座里的天蝎座，在夏天入夜后位于正南方，一连串亮星组成一个横躺的"S"形，尾巴埋在银河里；白虎星座的主体相当于现行星座系统里的猎户座，在冬天入夜后位于正南方，七八颗亮星组成一个腰鼓的形状，像是一张挂着的虎皮。它们是上古先民用来授时的主要星座。苍龙星座里的大火星、白虎星座里的参星和北斗星座指示的北极并称为上古的"三大辰"，它们同时出现在了这座6500年前的墓葬中。"左青龙右白虎"这样的顺序也一直保留了下来，甚至青龙和白虎还被作为左、右的代名词。比如电影里帮派老大说"左青龙右白虎"，指的是一左一右的两个保镖；乐器行当里，以前也会把左撇子称为"青龙"，右撇子称为"白虎"。《礼记》说古代天子出巡，旗帜是"左青龙右白虎，前朱雀后玄武"，中央的旗帜上则画着北斗七星，称为"招摇"。上古时期北斗不是七星而是九星，招摇就是九星里的一颗，标志着斗柄的指向。后世有一个成语"招摇过市"，其实原本就是描述天子法驾从道路上经过的样子。

苍龙、白虎这两个星座，在四象里出现得最早。不过总体来说，四象的出现整个都比二十八宿要早。四象只是周天上位置相对的四个大星座，彼此之间还有些间隙；二十八宿则划分得比较严密，把周天一圈的天区都给分割好了，基本没有遗漏的。苍龙星座本身在二十八宿里占了六宿，依次是角、亢、氐、房、心、尾，剩下的一宿是箕宿。一看名字就知道，角宿代表的是苍龙的角；"亢"字的本义是人的脖子，所以亢宿代表的是龙的脖子；心宿当然就是龙的心脏啦，明亮的大火星就在这里；最后尾宿代表的是苍龙的尾巴。这样从龙角到龙尾，一条完整的龙就呈现在了天空中。古代把星空分为东、南、西、北、中五宫，苍龙星座是东宫的代表性星座，所以整个东宫七宿都用它来命名，称为"苍龙七宿"，不过苍龙七宿里的箕宿，原本并不是上古苍龙星座的一部分。

角宿是苍龙七宿的第一宿，也是二十八宿的第一宿。角宿本身是一个天区，包含了沿着黄道和赤道的一小段范围，不过这个天区里又有一个小星座也叫"角宿"，有时就容易混淆，我们用"角宿天区"和"角宿星座"来区分它们。说起来，二十八宿大都有类似的情况，每一宿指沿着黄道和赤道的一片天区，里面有许多个小星座，而这些小星座里，偏偏又有一个叫相同的名字"某某宿"，我们后面也都会用同样的办法来区分。角宿星座只有两颗星，北边的角宿二比较暗，是颗小星，南边的角宿一很亮，是颗大星，上小下大，看起来就像是苍龙的一只角。苍龙的另一只角是谁呢？是东北方向更亮的大角星。大角星是整个北天球，也就是天赤道以北的所有恒星里最亮的一颗，正是因为它这排名第一的亮度，角宿才成了二十八宿之首。虽然后来二十八宿位置确定之后，大角星被划分到了东边的亢宿，不过角宿的"排头兵"

地位还是保留了下来。古代当角宿出现在东方的时候，就是春分前后，苍龙星座的出现标志着春天的来临，民间俗话说"二月二，龙抬头，大仓满，小仓流"，其实就是靠苍龙星座的出现来指导农时的遗迹。在角宿星座的北侧，还有一个星座叫"天田"，当它开始出现在东方的时候，就是大地上开始耕种的时候了。

苍龙七宿的第二宿是亢宿，领衔主演是明亮的大角星。在大角星的一左一右，各有一个小星座，分别叫"左摄提"和"右摄提"，它俩的作用是指示北斗星的斗柄指向。北斗星的斗柄从北方天空延伸出来，画出一条弧线，从左右摄提之间穿过。

在亢宿的东侧，是苍龙七宿的第三宿，氐宿。氐宿代表的是苍龙的胸部。上古的北斗九星中，勺柄多出来的几颗星，有的版本说是招摇和玄戈，有的版本说是招摇和天锋，有的版本还加上了梗河星座，反正都在这一宿。这里还有骑官、阵车、车骑、骑阵将军等几个与骑兵和战车相关的星座。为什么呢？

也许是因为氐宿的东侧就是房宿。房宿代表苍龙的肚子，不过古书又说"房为天驷"，古代的车是四匹马拉的，房宿星座刚好也是四颗星，代表着外骖（cān）内服一共四匹马。楚汉相争时刘邦的谋士张良，他的名字就和房宿有关。张良字子房，张良的"良"指的是紫微垣墙外的"王良"星座，王良是春秋时期一位以善于御马著称的名人，后来把这位古人放到了星空中去给天帝御马；而"子房"的房就是房宿星座了。古人起名字的时候讲究名和字要互相关联，这就是一个典型的例子。

在房宿的东侧是心宿，大名鼎鼎的大火星就在这里。大火星是心宿星座的第二颗星，所以又叫"心宿二"，它也是天帝的化身之一。大火星南北两侧各有一颗小星，三颗星大致排列成一条直线，古人认为两颗小星一颗是太子，一颗是庶子。

苍龙七宿的第六宿是尾宿，"龙尾伏辰"中的"尾"指的就是尾宿。尾宿星座像是一枚翘起的钩子，在现行的西方星座系统里，它代表的也正是天蝎的蝎子尾巴。不管是龙尾还是蝎尾，它都淹没在银河里。尾宿天区的好几个星座也跟水有关，北边是"天江"星座，旁边还有"鱼"和"龟"两个星座，都是水里的动物。童谣后面唱到"天策焞焞"，这里的"天策"指的是尾宿星座旁边的傅说（yuè）星座。傅说是殷商时期一位有名的大臣，死后变成了星座，在代表天帝的心宿隔壁。

苍龙七宿的最后一宿，是跟前面六个名字画风完全不同的箕宿。箕宿星座有四颗星，连起来确实像是一个簸箕的形状，《诗经》里说"维南有箕，不可以簸扬"，说的就是它。这一宿还有"糠"和"杵"两个星座。古代给谷物去壳，要先用杵捣，然后放在箕里簸掉轻的外壳，留下重的米粒或者谷粒，簸掉的部分就是糠。"糠""杵"和"箕"都在这里，唯独不见脱壳后的粮食，看来这是劳作完毕后遗留的现场。很明显，不论是从箕宿本身的名字，还是从箕宿天区的各个星座看来，它都跟龙这种神兽没什么关系，只不过因为同属于东宫天区，于是也顶上了"苍龙七宿"的名头。

10. 苍龙星座与降龙十八掌有何关联？

《周易》乾卦的六爻描述的是苍龙星座在天空中的六个阶段，走过这六个阶段，就是过去了一整年，苍龙星座又回到星空中原来的位置。后来《易经》和《易传》中关于龙的词演变成了"降龙十八掌"的招式。

苍龙星座超级巨大，它横跨了现行星座系统中的室女、天秤、天蝎和人马四个黄道星座，一条龙相当于四个黄金圣斗士。这条星空中的巨龙，在一年里大部分的日子都会出现在星空中，它对古代中国人有着非常深刻的影响。许多学者相信，中国传统的对龙神的崇拜就是来自这个巨大的星座，而神话传说里"能幽能明，能细能巨，能短能长"的神兽，其实是苍龙星座在不同季节呈现在星空中的模样。"龙"字的甲骨文，其中有几种写法，看起来简直就是苍龙星座的星座连线。它高挂在星空中，每个人都能看到，因此进入了整个民族的共同记忆，成了华夏民族的信仰和图腾。

　　龙对中国人有多重要呢？奠定中国人骨子里的民族性格的朝代是周朝，《周易》里面的第一卦乾卦，从头到尾都在说龙。我们知道易经的每一卦都是从上到下一共有六画，专门的名字是"六爻"。要是这一画从头到尾都是实线，那叫"阳爻"，要是中间断掉，分成两段，那叫"阴爻"，六爻各自阴阳变化，一共有八八六十四种不同的排列，那就是六十四卦。乾卦排名第一，每一爻都是实线，从下到上，每一爻各自都有自己的说法。

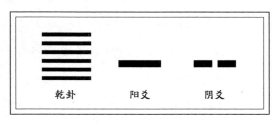

乾卦、阳爻、阴爻示意图

　　乾卦从下往上的第一爻是"初九"，解释是"潜龙勿用"，龙还潜在地下，看不见。按照西周时的天象，天空中完全看不到苍龙星座，这应该是在冬至前后。

　　第二爻是"九二"，解释是"见龙在田"，苍龙开始在傍晚时分露头。我们上一节提到过"二月二，龙抬头"的谚语，不过这句话出现的时间稍微晚一点儿，跟西周时期有岁差。

在西周的时候，这差不多该是正月立春的景象。

乾卦的第三爻是"九三"，这一爻的解释里没有直接出现"龙"字，说的是"君子终日乾乾"，苍龙星座正在踏踏实实努力往上爬。

第四爻是"九四"，解释是"或跃在渊"，龙从水中跃起。为什么这么说呢？因为每一爻的时间差不多相隔两个月的话，这时候就该到了夏至时分，银河升了起来，从正南到正北横跨整个天穹，而我们上一节也说过，苍龙的尾巴埋在银河里，这时候看起来，就像是整条龙正在奋力从银河中跃起一样。

第五爻是"九五"，解释是"飞龙在天"。苍龙星座在黄昏时已经整个出现在天空中，无拘无束地飞翔，好像没有什么东西能够妨碍它。后世把皇帝称为"九五至尊"，就是从乾卦里的这一爻演变而来的。这时候差不多是"七月"，也就是"七月流火"的时候，大火星在傍晚渐渐开始偏西，苍龙星座虽然天一黑就完全升上天空，但这也意味着，它落下去的时间也在逐渐提前。

于是，我们来到乾卦最上面的一爻，是"上九"，解释是"亢龙有悔"。人们不再能看到苍龙星座的全貌，它在黄昏时已经一头扎到了地平线下，只留下半截身子还呈现在星空中。这大约是九月，因为太阳来到了角宿和亢宿，所以苍龙的脑袋每天跟太阳一起落下。

接下来乾卦还有最后一句总体的解释，说"用九，群龙无首"，还给了一句评价说"吉"。群龙无首看起来明明不像是句好话，为什么还是"吉"呢？有学者推测说，这里的群龙，指的是凌晨时分太阳升起前看到的苍龙星座。在"亢龙有悔"之后，人们越来越难在夜晚看到苍龙星座了，因为它升起来得越来越早，天一黑就已经落下去了，只能在早上日出前看到一点儿脑袋，刚升起就淹没在太阳的灿烂光辉中。这时候，就意味着即将回到"潜龙勿用"，完全看不到苍龙星座的阶段，开始新的一年的循环。解释《易经》的《易传》说，这一卦是"时乘六龙以御天"，乘龙的是谁呢？是掌管历法的羲和，也就是后世演变成太阳神的那一位。当然，天上并没有六条龙，只有乾卦的这六爻，也就是苍龙星座在天空中的六个阶段。走过这六个阶段，就是一整年过去了，苍龙星座又回到星空中原来的位置。《易经》和《易传》里说龙的这些词，从"潜龙勿用""见龙在田""或跃在渊""飞龙在天""亢龙有悔"一直到"时乘六龙"，后来都成了武侠故事里"降龙十八掌"的招式。

武侠片里讲到参悟武功，经常需要从自然界汲取灵感，不知道大侠们修炼"降龙十八掌"的时候，有没有观察过星空中那条龙呢。

当然，《易经》的句子很简单，它并没有明确宣称乾卦说的就是天文现象。毕竟，从"潜龙勿用"到"飞龙在天"

再到"亢龙有悔"，也非常符合一般事物的发展规律，说它是人生哲学，也并没有什么不恰当的。不过，乾卦的"乾"字，在最初的写法里，有排成三角形的三个小圆圈，圆圈里各自有一个小点🔆。这是代表星星的部首，在"星"字的古老写法里，上面的"日"字旁也是这样三个带圆心的小圆圈🔆。所以，不少学者相信，这一卦的卦象，确实和星空有关。把一年分为六段的这种划分法，在中医传统中也有保留。《黄帝内经》里说"天以六六为节，以成一岁"，上古用干支纪日，一甲子是六十天，六个六十天算是一年，在冬至前后留出五天来过年。中医里还有"六气"的说法，认为一年里从正月起，每两个月作为一段，受到大自然不同的"气"的影响，于是同一个人呈现出不同的脉象。这可能正是上古按照苍龙星座来判断时间的遗迹。

苍龙既然是一个星座，那就有升起有落下，一年里有终夜可见的时候，也有终日不见的时候，"春分而登天，秋分而潜渊"。这就是古人说它"能幽能明"的原因。当苍龙星座黄昏时从东方地平线上呈现出全貌时，正是雨季到来的时候，所以"云从龙、风从虎"，龙神有了"行云布雨"的职能。后来，又把高挂在天上的龙和潜藏在地下的龙分开来对待，变成了两条龙。我们现在还常能看到"二龙戏珠"的造型，传统上这颗"龙珠"总是带着熊熊的火焰，正是作为苍龙心脏的大火星。

在商代和周代，天子的旗帜上都有苍龙星座的形象，《诗经》的《商颂》和《周颂》都说到天子的"龙旂"，画着交叉的两条龙，代表星座的升起和落下。后世的皇帝被称为"真龙天子"，我们至今还有舞龙灯、赛龙舟的习俗，自称为"龙的传人"。龙，虽然是在四象中唯一找不到真实动物原型的神兽，但以它命名的星座至今仍年复一年地在星空中升起，展露身形，烛照大地。

11．为什么说"云从龙，风从虎"？

西宫白虎有奎、娄、胃、昴、毕、觜、参这七宿，只有觜宿和参宿，组成了原本的白虎星座。参宿三星在入夜时分升到正南方高处的时候，也是新的一年的开始，春季的信风即将到来，因此《周易》中说"云从龙，风从虎"。

苍龙星座这条星空中的巨龙，有时升上天空，有时潜伏在地下；有时只露出一部分，有时展露出全貌。所以古人说龙"能幽能明，能细能巨，能短能长"，又说它"春分而升天，秋分而潜渊"，这都是苍龙星座在星空中的表现。上古时期，当苍龙星座在一年里第一次在傍晚的东方地平线展现全貌的时候，就是雨季到来的时候，所以龙又有了行云布雨的职能，《左传》说"龙见而雩（yú）"，雩是古代求雨的仪式。因为龙带来了雨季，雨季一定有云，所以又说"云从龙，风从虎"。这里的龙是苍龙星座，虎呢？

指的很可能也不是实际生活在大地上的百兽之王，而是与苍龙星座在星空中遥遥相对的白虎星座，也就是"左青龙，右白虎"中的白虎。

"左青龙，右白虎"这幅图景，据前文所述，早在6500年前的濮阳西水坡古墓里，就出现了蚌塑的青龙和白虎，和墓主人脚下的北斗一起，组成了当时人们心目中的天空。

古代把星空分为东、南、西、北、中五宫，古人的方位跟我们现在习惯的地图是相反的，是以面朝南方为准，所以左边是东，左青龙就是"东宫苍龙"；右边是西，右白虎就是"西宫白虎"。不过，苍龙星座超级巨大，在东宫苍龙七宿里，有六宿都是它身体的一部分；白虎星座就稍微小一点儿，在西宫的奎、娄、胃、昴、毕、觜、参这七宿里，只有觜宿和参宿，组成了原本的白虎星座。

参宿我们很熟悉，从本书开始我们就讲过了参星，很多时候它写作"三星"，几千年来，这三颗整齐排列的亮星一直是人们判断时间的主要依据之一。"三星高照，新年来到"这样的俗话，到现在还在一些地方流传。当参星在入夜时分升到正南方高处的时候，也就是新的一年的开始，春季的信风即将来到。这就是《楚辞》说"虎啸而谷风至"、《周易》说"云从龙，风从虎"的原因。

参宿星座一共七颗星，全都很亮，参宿第一、二、三颗星在白虎的腰间排成一行，第四、五颗星在上方，是白虎的前腿，第六、七颗星在下方，是白虎的后腿。白虎的腰间还向下垂着一个小星座，叫"伐"，有名的猎户座大星云就在这里。觜宿位于参宿的上方，白虎头部的位置。按理说二十八宿都应该是顺着黄道和赤道一字排开，但它俩是个例外，偏要一上一下叠在一起。觜宿的这个"觜"字是"嘴"字的右半边，其实它就是本来的"嘴"字，后来因为代表嘴巴的含义才加上了"口"字旁，来跟别的含义相区别，所以它代表的是白虎的嘴巴。

在白虎的右后腿下方，有两口井，一口叫"玉井"，一口叫"军井"，都是由四颗星组成的小星座。白虎的左后腿下方，还有一个属于参宿的星座叫"厕"，代表的是厕所，而且西宫七宿里，代表厕所的星座还不止这一个。中国传统的星官系统讲究"在野象物、在朝象官、在人象事"，凡是地上有的东西，都要在天上找个对应，所以厕这个星座下方，还专门有一颗星叫"屎"。玉井和军井这两口井与厕之间，有一个叫"屏"的星座把它们隔开。看来古人也很明白污染和水源之间要相互隔绝的道理。

虽然参宿和觜宿按顺序只排在西宫七宿的最后两个，但是白虎星座太重要了，所以西宫七宿还是以白虎为名，统称为西宫白虎七宿。其实西宫七宿的其他几宿，跟白虎的形象没有太大关系。

西宫七宿的第一宿是奎宿，《西游记》里有一段很有名的奎木狼和百花羞公主的故事，说的就是奎宿下凡。"奎"字的本义是人的两条大腿之间，奎宿星座的形状确实也挺像人的两条腿，只不过有点儿罗圈。它下方又是一道屏风，叫"外屏"，把这个人跟"天溷（hùn）"这个星座隔开。"溷"就是猪圈。古时候猪圈和厕所不分，因为当时人们很少有细粮可吃，吃的都是很难消化的粗粮，有不少粮食可能吃完不消化又拉了出来，所以就养了猪在下面，也算是物尽其用。因为这个猪圈，也因为奎宿星座的轮廓，所以古人又说"奎为天猪"。这头"天猪"的上方，就是"王良"星座，旁边是代表马鞭的"策"和代表马厩的"天厩"星座，再往北就是紫微垣外的"华盖"和"传舍"了。

西宫七宿的第二宿是娄宿。古代把系马的绳子叫"维"，系牛的绳子叫"娄"，所谓"牛马维娄"，所以这一宿跟牛马有关。无独有偶，娄宿星座在西方星座系统里对应的是白羊座，白羊座的名字源于古希腊的"白羊节"，也是一个和畜牧、祭祀有关的星座。娄宿这里还有两个星官，一个叫"左更"，一个叫"右更"，分别是主管山林和畜牧的官员。这两个小星官的北边，是画风完全不搭的"天大将军"星座，威风凛凛，驻扎在紫微垣门外不远处。

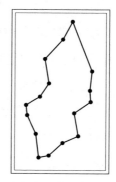

奎宿星座示意图

娄宿的东边，是胃宿。胃是人体储藏食物的器官，胃宿天区也充满了各种储藏食物的设施。这里有"天廪""天囷（qūn）"，旁边还有被划到娄宿的"天仓""天庾"，全都是各种粮仓和谷物堆。银河从胃宿天区穿过，岸边是"大陵"星座，代表巨大的陵墓，还有"积尸"星座代表陵墓里的尸体；银河里有"天船"星座，据说这是天大将军的兵船，不过这艘船的情况好像不大妙，因为这里还有一个小星座叫"积水"，看来船里已经进水了。

西宫七宿的第四宿是昴宿，《西游记》里帮助孙悟空战胜多目怪的昴日星官就是它。昴宿的意思有人说是毛茸茸的脑袋，有人说是长矛头部的装饰，就像是红缨枪前面的那一簇红缨，也有人说像是一小簇种子。这些含义都是从昴宿星座本身的形状生发出来的，它是一小簇亮星组成的星团，现在还叫它"昴星团"，在冬天的晚上升得很高，很容易看见。西方叫它"七姐妹星"，不过这个星团的星星总共有三百多颗。在晴朗的晚上，如果能看见其中的六颗星，说明视力良好；如果能看到九颗星，视力就非常优秀了。昴宿星座很小，但是昴宿天区很大，在黄道南侧，还有一大片天区是"天苑"星座，这里是皇家的牧场。旁边的"刍藁（chú gǎo）"星座，则是给马儿们吃的草料。

在昴星团的东南侧是毕星团，黄道就从昴星团和毕星团之间穿过。毕宿也是我们的老熟人了，它是一个形状好像大写字母"Y"的星团，古人把它比作一张抓兔子的网。这里有"天街"和"天关"两个正好在黄道上的星座，日月五星都要经过它们。历史上有名的"天关客星"，也就是1054年记录下的超新星爆发就发生在这里。现在这里还有一个形状像螃蟹的星云遗迹，叫"蟹状星云"。可能是因为有"天关"，所以这里还有过关的"符节"，相当于现在的护照，使臣出关的时候必须查验。关卡这里还配有翻译人员，就是"九州殊口"这个星座。这里还有一个又大又明亮的星座叫"五车"，五颗亮星组成一个巨大的五边形，好像一只大风筝的形状。有人说这代表古代"天子五辂（lù）"，天子有不同规格的五类座驾，分别是"玉辂""金辂""象辂""革辂""木辂"，对应不同的场合，也有人说这是东南西北中"五帝"的车驾，一人一车。伴随着天帝的五车，还有代表皇族的"诸王"星座和代表皇家旗帜的"九斿（liú）"星座，"斿"字指的是古代旌旗上的飘带。五车星座这个大五边形包围着另一个星座，叫"咸池"，这里是太阳落山之后沐浴的地方。毕宿在西方七宿里处于中间位置，而且也非常大和明亮，所以《史记》里写到西宫天区的时候说的是"西宫咸池"，用太阳休息的咸池来指代这一片天区，其实也是很贴切的。

12．南宫朱雀原型是什么？

　　南宫朱雀对应井、鬼、柳、星、张、翼、轸七个星座。朱雀星座由柳、星、张、翼四宿组成。南宫朱鸟的三个"次"，分别为鹑首、鹑火、鹑尾，这里的"鹑"是鹌鹑的"鹑"，因此古代的"朱鸟"原型可能是鹌鹑。还有一种说法认为"朱鸟"是代表太阳的三足乌。

　　朱雀，古代叫朱鸟，它的形象出现得很早。在商代的甲骨文卜辞里，就有"禘（dì）鸟"祭祀问卜于鸟的记载，跟"禘虎""禘凤"并列，可见最早的时候朱鸟和凤凰不是一回事。"鸟"是天上的星座，"凤"其实是风，是天帝的使者。当然上古时候其实只有龙、虎、鸟这样的单字，苍龙的"苍"、白虎的"白"、朱鸟的"朱"都是战国时候五行学说流行起来之后，搭配方位被人加上去的。《尚书·尧典》说"日中星鸟，以殷仲春"，说的就是鸟这个星座在黄昏时分出现在中天，同时昼

夜等长，那么春分就到来了。

这样说起来好像很简单，但是鸟星究竟指的是谁，这却不容易确定。因为跟龙、虎不一样，南宫天区传统上被认为是朱鸟的这一片星星都不太亮，没有绝对的主角，也没有一颗单独的"鸟星"。苍龙一看就是心宿二说了算，白虎一看就是参星说了算，观测和判断起来都很方便。朱鸟到底以谁说了算呢？总不能全都算数吧，那就失去授时的功能了。学者们有人认为日中星鸟指的是鸟的脖子，有人认为是鸟的嗉囊，那么根据不同的观点，计算出来《尧典》的这段记载对应的时代也就有所不同。当然，《尧典》里的这段记载，现在学者们都相信是战国时期的人伪造的。但朱鸟星座在那之前就出现了，这却是可以确定的。

这只朱鸟是只什么鸟呢？我们前面说岁星的时候说过岁星有沿着黄道划分的十二次，在南宫朱鸟这一段的三个"次"，名字分别是鹑首、鹑火、鹑尾，代表鸟的脑袋、心脏和尾巴。这里的"鹑"是鹌鹑的"鹑"，从这样的命名看，古代的"朱鸟"，原型可能是鹌鹑。鹌鹑是一种候鸟，有学者解释说，就是因为鹌鹑到了季节就会准时出现，所以古人把它跟授时的星辰联系了起来。

另外还有一种说法，认为朱鸟就是代表太阳的神鸟，也就是太阳里的"三足乌"，又叫"朱离"或者"阳离"。"离"这个字可以代表雉鸟，也可以代表太阳和火焰。屈原在《天问》

里就问过："天式纵横，阳离爰死？大鸟何鸣，夫焉丧厥体？"说太阳里的这只三足乌不会消失形体，后世学者解释为太阳黑子爆发和沉寂的循环变化。在连云港将军岩的新石器时代遗址里，就有鸟嘴人脸的太阳神形象。那么这样看来，朱鸟在人世间就没有对应的原型了。

在先秦和汉代早期，凤凰和朱雀的职能是有明显分别的，凤鸟代表祥瑞，朱鸟代表星座。从东汉开始，五行学说把凤鸟和火联系起来，与同样对应火的朱鸟混同，慢慢地两者就合为一体，很少有人能分清了。

我们前面讲到太微垣的时候就说过，南宫天区曾经很大，把太微垣包含在内，甚至有学者认为太微垣的两道垣墙曾经是朱鸟的两只翅膀。当时天空分东、西、南、北、中五宫，中宫的范围其实不大，也就跟现在的紫微垣天区差不多。天市垣和太微垣最早分别是东宫天区和南宫天区的一个星座，后来才连同附近的相关星座独立出来，成为一片独立的天区，和紫微垣天区合称"三垣"。剩下的南宫天区，对应井、鬼、柳、星、张、翼、轸七个星座，它们各自统领一个同名的天区。七宿里面，组成朱雀星座的其实只有柳、星、张、翼四宿，不过因为朱雀作为神鸟的地位，还是把整个南宫天区的七宿，都统称为"朱雀七宿"。

朱雀七宿的第一宿，是井宿。井宿星座也不算暗，有一颗二等星、三颗三等星，但是放在井宿天区根本不起眼，因为这里的亮星实在太多了。井宿星座的北边是"北河",南边是"南河",代表天上的两条河。俗话说"井水不犯河水",指的就是井宿和旁边的北河、南河各不相干。北河星座的北河三和南河星座的南河三都是一等的亮星。再往南,隔着银河还有全天最亮的天狼星和第二亮的老人星。井宿据说是为了纪念"伯益造井"的传说,伯益是秦人的先祖,跟随大禹治水,后世把水井的发明归功于他。这一宿的星座也大多与水有关,除了南河和北河,还有"四渎"星座。四渎指的是长江、黄河、淮河和济水四条河流,基于"天人合一"的原则,也被投射到了天上。另外这里还有"水府""水位"两个负责水利工程的星官,积水星座代表为了酿酒而储存的水,还有天樽星座,是装酒的酒杯。

井宿的天狼星实在太亮了,古人认为它代表外族的侵略,所以在东南边安排了"弧矢"星座,弯弓搭箭射向天狼星。苏轼有一首词说"会挽雕弓如满月,西北望,射天狼",这里的"雕弓"指的就是天狼星东南方向的弧矢星座。因为从地面上看,天狼星从来不会出现在西北方,苏轼自己朝着西北是射不到它的。

井宿的东边是鬼宿。我们前面讲北斗的时候说过这一宿,巨蟹座黄金圣斗士的大招就来自鬼宿天区的"积尸"星,其实这是一个星团。鬼宿星座又叫"舆鬼"。孔子的学生里有一位叫曾参,字子舆,有人认为这里用的就是二十八宿里的参宿和鬼宿的含义，指的是他出生和成年的时候岁星所在的位置。

朱雀七宿里接下来的柳、星、张、翼四宿是朱雀的本体，它们的东侧就是太微垣。柳宿星座是朱雀的嘴，先秦许多古书里直接把它称为"咮"（zhòu），这个字就是鸟嘴的意思。因为柳宿星座的形状弯曲婀娜，像是垂下的杨柳，所以又叫柳宿。

星宿星座是朱雀的脖子和喉咙。它在上古还有一个名字，叫"七星"。上古有记录的最早的历法之一《月令》里说"季春之月，昏七星中"，"孟冬之月，旦七星中"，说的都是星宿。古代军队行军时"左青龙右白虎，前朱雀后玄武"，用四象划分前后左右四军，但是各自的军旗上其实并不是神兽的形象，画的是星座。其中代表前军的朱雀旗上画的就是星宿七星，所谓"鸟旟（yú）七斿，以象鹑火"，用它来代表朱雀。星宿天区还有一个特别有名的星座，那就是"轩辕"星座。轩辕星座在星宿星座的北边，一共十七颗星，蜿蜒曲折，好像一条龙的形状。这个星座里最亮的星是轩辕十四，也就是现代星座体系里的狮子座α星，它差不多刚好位于黄道上，日月五星经过时都会与它交会。轩辕十四还是古代波斯所谓的"四大王星"之一，人们在黄道附近差不多等间距的位置选择了四颗亮星，来统领四季星空，其中春夜星空的亮星就是轩辕十四，夏夜是心宿二大火星，秋夜是北落师门，而冬夜的代表亮星并不是参星，而是位于毕宿的毕宿五。

张宿在轩辕星座的南方，代表朱鸟的嗉囊。它东边的翼宿则是朱鸟的羽翼。翼宿星座应该是二十八宿里形状最复杂的星座了，二十二颗星交错排列，确实有点儿像是羽毛的样子。朱鸟七宿的最后一宿是轸宿，古代把车厢最后的横木称为"轸"，它不但是朱鸟的最后一宿，也是整个二十八宿的最后一宿，再往东就是角宿了，二十八宿的循环重新开始。轸宿星座由四颗星组成，"轸为天车"，它代表天上的一辆车。在它的一左一右，有"左辖"和"右辖"两颗星，是车上一左一右两根钉子。轸宿天区还有代表军营大门的"军门"星座，存放乐器的"器府"星座等。

13. 北宫最初的形象是什么?

北宫七宿依次为斗、牛、女、虚、危、室、壁，北宫七宿最初并不是玄武，而是鹿和麒麟。玄武的形象是龟蛇合体，龟是虚、危两宿，蛇就是位于室宿的"螣蛇"星座。

我们前面说过，在四象里面，苍龙和白虎出现得最早。这两个星座最亮最好认，上古分两季的时候，它俩妥妥地成为授时主体，被先民敬仰祭拜。接下来，鸟也在商代的甲骨文里出现。但是在这个代表天上星宿的最大"天团"里，初期代表北宫天区出道的却不是玄武的龟蛇形象，而是一只神鹿。在河南三门峡出土的一面周代的铜镜上，就有雀、龙、鹿、虎围绕四方的图像。有名的长沙马王堆古墓出土一只漆箱，箱盖上画着二十八宿，四边的立面上，有一面画着的也是两只鹿。神鹿在汉代这个时候更常表现为麒麟，马王堆墓室的屋顶壁画上就用麒麟代表了北宫星座，位置在龙、虎之间。"丝绸之路"上有一件特别有名的"五星出东方利中国"织锦护臂，被誉为 20 世纪中国考古学最大发现之一，它上面的织锦纹样，也还是用龙、虎、鸟和麒麟来代表四象。

神鹿的形象最晚在周代就已经出现，它被玄武顶替，那大致是战国到西汉初的事了。"玄武"这个名字最早的记载是在西汉的《淮南子》里，不过龟和蛇的形象最早出现是在《周礼》里。我们上一节讲朱鸟的时候说到"鸟旗七斿，以象鹑火"，接下来后面就有"龟蛇四斿，以象营室"，龟和蛇已经被看作星座形象了。其中龟的形象应该是由北宫七宿里的虚宿星座和危宿星座组成，形状像一只龟壳；而蛇的形象则是在龟壳北侧蜿蜒的"螣蛇"星座。到了汉末，四象的形象就完全确定下来了。

玄武七宿的第一宿，是斗宿。斗宿星座又被称为南斗，相当于现行星座系统里人马座的一部分。斗宿在天市垣的左垣墙外。二十八宿和银河有两个交会之处，一个是上一节我们讲过的亮星特别多的井宿，另一个就是斗宿。

斗宿北边一点点有一个星座叫"建"。斗和建刚好一南一北，把黄道夹在中间，日月五星都从这里穿过。从东汉末年到明末，冬至点的位置都在斗和建之间的这片天区，所以人们特别关注这里，说这里是"阴阳终始之门"。可能是对应这道"门"，在斗宿星座的西侧有一个星座叫"天籥

（yuè）"，意思是天上的钥匙。太阳要先经过这把钥匙，才能从斗、建之间穿过。

斗宿天区在银河岸边，所以这里呈现一片农耕的景象。"天鸡"星座和"狗"星座在黄道的两侧，可以说是"鸡犬之声相闻"。旁边还有"狗国"星座，据说是对应传说中五帝之一"帝喾（kù）"所封的"狗民国"。在斗宿星座的南侧，有执掌农业的官员"农丈人"，还有象征水利灌溉设施的"天渊"星座。

斗宿的东侧是牛宿。《滕王阁序》里说"龙光射牛斗之墟"，指的就是这片天区。牛宿自己并不太亮，由黄道北边一点点的六颗小星组成，但是牛宿天区里有两颗星那可是大大有名，那就是牛郎星和织女星。古人把二十八宿跟日月五星这"七曜"相对应，又各自对应一种动物，我们最熟悉的可能是《西游记》里帮助孙悟空战胜多目怪的"昴日鸡"，或者在小雷音寺救出孙悟空的"亢金龙"。牛宿对应的是"牛金牛"，后来介绍西方星座的时候，把 Taurus 这头白色的公牛翻译成"金牛座"，就是受到了牛金牛的影响。牛宿跟斗宿一样是一派田园风光，这里有"天田"星座，代表天子的"籍田"，从周代开始，天子在每年春耕前要举行"籍田礼"，象征性地在田地里耕作，他耕作的这片田地就叫"籍田"。天田的一北一南有"罗堰"星座和"九坎"星座，"堰"是都江堰的"堰"，"坎"是坎儿井的"坎"，它们都是水利灌溉设施。

再往北就是河鼓星座，这是军中的鼓。古代打仗"击鼓向前，鸣金收兵"，鼓很重要。牛郎星就是河鼓星座的第二颗星，又叫"河鼓二"，代表击鼓的将军。这面鼓的鼓槌是旁边的"天桴（fú）"星座，一左一右还有两面军旗，那就是左旗和右旗两个星座。与牛郎星，也就是河鼓二星隔河相望的是织女星，在它的旁边，有辇道和渐台两个星座，分别代表车辆通行的道路和土堆起来的高台。

玄武七宿的第三宿是女宿。这片天区的星座大都和女性劳作有关。女宿的名字来自织女星这就不用说了，北边的瓠瓜、败瓜两个星座对应的是秋季成熟的瓜果，跟女性开始纺织、准备冬衣的季节相对应。"离珠"星座是妇女身上的首饰，"扶筐"星座则是采桑叶用的筐子。扶筐星座的旁边有"奚仲"星座，他是古代传说里发明车子的圣人，也被升上了天空。在银河岸边还有"天津"星座，代表银河上的渡口。天津星座对应现行星座系统里的天鹅座，这里有一颗亮星"天津四"，与牛郎、织女组成夏夜大三角，在夏天的晚上清晰可见。牛宿和女宿的相对位置，还是二十八宿起源于我国本土的有力证据，下一节我们会详细讲这个问题。

从女宿向东，就是玄武七宿的中心——虚宿和危宿。《史记》说北宫玄武，就只说了"虚危"两宿。虚宿标记着4000年前冬至点的位置，它从很早开始就是观象授时的重要星座。人们觉得这个时候日照微弱、天气寒冷，表示天地元气虚耗。

虚宿星座有两颗星，加上它旁边的哭、泣两颗星，一共是四颗星，在马家窑文化遗址出土的一只陶罐上，有一个哭泣的人脸形象，学者认为这就是虚宿的形象。《尚书·尧典》里说"宵中星虚，以殷仲秋"，虚宿在秋收之后升上星空，这时候已经万物凋零，所以虚宿星座代表哭泣、杀伐，这里有司命、司禄、司危、司非等掌管命运的星官，还有一道天上的"长城"，也就是天垒城星座。

危宿的"危"，指的是"屋顶"的意思。古诗说"危楼高百尺"，"危"字的本义是高处，也可以指高处的屋顶，后来才从高处引申出危险的意思。危宿的旁边有一个小星座叫"盖屋"，还有"坟墓"星座依附于它。在危宿星座的北边，专门有一个星座叫"人"，代表天上的子民。旁边有"杵""臼"两个星座。我们前面讲东宫苍龙的时候说到箕宿也有一个杵，那个杵是民用的，这里危宿的杵和臼的是军粮。南边有"天钱"星座，代表钱财，北边有存放车辆的"车府"星座和擅长驾车的"造父"星座。造父是古代的驾车高手，周穆王去见西王母的时候，据说就是由他驾车，战国时的赵国以他为祖先。造父北边是"天钩"星座，这就已经紧挨着紫微垣的垣墙了。

玄武七宿的最后两宿，是室宿和壁宿。它们俩最早是连在一起的，叫"营室"，四颗亮星组成一个方形，也就是现在常说的"飞马座大四边形"，是秋夜星空的标志。后来一分为二，西边的是室宿，东边的是壁宿。当这个四边形出现在天空中的时候，就是农忙已过，土地还没有结冻，刚好是可以修建房屋、为冬天做准备的时候了。《诗经》里有一篇"定之方中"，定就是壁宿，当它在黄昏时出现在南方中天的时候，也就是君王召集人们修造宫殿的时候了。所以附在室宿的还有一个小星座，名字就叫"离宫"，是君王偶尔外出居住的宫殿。

在室宿和壁宿天区，坐落着一片军营。军营的大门是一颗明亮的一等星，叫"北落师门"，在"四大王星"里，它是代表秋夜的那一颗。这里还有代表防御工事的"垒壁阵"星座、代表军帐的"天纲"星座。"羽林军"星座驻扎在这里，后来汉武帝建立禁卫军的时候，也把自己的禁卫军命名为"羽林军"。"垒壁阵"星座把"霹雳""云雨""雷电"几个星座隔绝在军营外，另一边有"铁钺（fū yuè）""铁锧（fū zhì）"两个代表刑具的星座，一个是砧板，一个是斧头。在黄道的两侧，还有"土公""土公吏""土司空"这样的负责土木建造的官员。

玄武的形象是龟蛇合体，龟是虚、危两宿，蛇就是位于室宿的"螣蛇"星座。它飞腾于"造父"和"车府"两个星座之间，和下方由虚、危两宿组成的五边形的"龟甲"，共同组成了"北宫玄武"星座。北宫天区的七宿，也因此被称为"北宫玄武七宿"。

14. 为什么说二十八宿起源于中国?

　　牛郎星和织女星在上古有协助授时的作用，分别标志着八月和七月的到来。只不过牛郎、织女星位置太偏北了，于是人们在黄道附近选了两组小星座，把牛、女两个名字平移过去。这恰恰说明了二十八宿从初创到定型的演变过程，这样的记录在其他文明里是没有的。

　　人们把黄道和赤道沿线的星空分为四块，是出于实际的需要，对应着春夏秋冬四个季节，只要观察星空的变化，就可以判断季节的变换。《尚书·尧典》里就有观察星宿和虚宿来判断夏至、冬至、春分和秋分时节的记载。可是，四象和它们周围的星宿，虽然出现在不同的季节，但都是东升西落的，从来不会出现在北方，为什么要用东、西、南、北来跟它们相对应呢? 关于这个问题，学者们有许多种不同的解释。有的认为这反映的是上古某个特定日期的天象，当时玄武七宿位于地平线下；有的认为四象对应的是四季天象，再由四季对应四方，但在这个过程中发生了错位。还有比较有说服力的一种，认为这反映了古代华夏族形成过程中的民族融合。东、西、南、北代表的并不是星辰在天空中的位置，而是崇拜这些星座的族群的地理方位。

生活在海岱地区也就是东边沿海地带的东夷民族，崇拜的是龙星，生活在高原、山地的西羌崇拜的是虎星，他们是上古形成华夏族的主体。南宫朱鸟是生活在南方的各个族群所崇拜的图腾，而北宫玄武的形象之所以经过诸多变化，从鹿变为麒麟再变为龟蛇，其实也是体现了居住在北方地区的民族变迁。《山海经》里有一段说东南西北四方的国家，"东山之国"的"人身龙首"，"南山之国"的"鸟身龙首"，"西山之国"的"虎身九尾"，"北山之国"的"蛇身人面"，也反映了类似的信息。神话里最早的西王母长着老虎的牙齿和豹子的尾巴，这也跟"西方白虎"的说法有所对应。

四象位置里蕴含的关于族群和方位的信息，后来进一步细分，就成了二十八宿与人间各个地区相对应的"分野"学说。

把黄道附近的星空划分为二十八宿这样的方式，不只存在于中国的传统天文学中，在古巴比伦、古印度、古埃及和阿拉伯也有二十八宿的说法。这种划分方式是根据月球的运动方式而来，观察月亮在星空中的位置，配合月亮和太阳的相对位置变化，就能推断出太阳在星空中的具体位置。所以，在不同的文明里，都使用这样的方式，是很自然的。各国使用的二十八宿名称和划分方法都很相似，看起来似乎有着同样的起源，这个起源究竟在哪里呢？最初学者们争论得很厉害，不少人主张它起源于天文学传统非常悠久的古印度或者古巴比伦，不过现在意见已经比较统一，认为是从中国起源，再传到其他国家的。这中间，最重要的两位"证人"，就是牛宿和女宿。

牛宿星座和女宿星座本身没什么亮星，在星空中并不起眼，在古人还没有黄道、赤道概念的时候，不太可能一眼注意到它们。当时起到授时作用的，是它们北方的牛郎星和织女星，它们是非常明亮的恒星，直到现在，在城市灯光的掩盖下，都不难从星空中看到。所以牛郎星和织女星在上古首先担任起协助授时的作用，分别标志着八月和七月的到来。只不过牛郎、织女星位置太偏北了，于是才在两者的南侧，在黄道附近选了两组小星座，把牛、女两个名字平移过去。可是，牵牛、织女两颗亮星已经在古书里留下了太多记载，不可能一一抹杀，结果就是后世的人们常常容易把牵牛、织女两颗亮星和牛宿、女宿两个星座混淆，读古书的时候一不小心就会闹出笑话。不过这倒恰恰说明了二十八宿从初创到定型的演变过程，这样的记录在其他文明里是没有的。

在前几节里，我们沿着二十八宿逛了一遍，大概有一个印象，那就是二十八宿星座里，一宿和另一宿分界点的地方,作为"界标"的星星里,亮星真的不多。它们之所以有这样重要的地位,完全是因为位置太特殊。

二十八宿星座的位置,大致是沿着赤道,尽量对称分布,让每一宿在天球对面都有一个正对着自己的"伙伴",有时候为了位置合适,宁可不选旁边更亮的恒星。比如角宿和奎宿相对,亢宿和娄宿相对,氐宿和胃宿相对,搭配得都很精确。只有心宿和参宿是例外,这大概是因为大火和参星的特殊地位,外加岁差的缘故。要做出这样的选择,必须先对黄道和赤道的位置有比较准确的认识,对星空也得非常熟悉才行。作为对比,印度的二十八宿就采用了许多亮星来作为一宿和另一宿之间的分界点,比如直接采用了牛郎、织女作为牛宿和女宿的边界,这样更为直观,但是位置上并不十分合适,更像是早期比较原始的状态,从中国传入之后就再没有变化了。

二十八宿大致是沿着赤道对称的,所以也不难看出,它最初是对天赤道的划分,到了后来,因为对太阳、月亮和行星的运动更了解之后,需要沿着黄道推算天体的运行,这才把二十八宿的分区投射到黄道上。那么,这套系统就应该是起源于一个以赤道系统为基准的天文学传统,这恰好是中国古代所独有的特色。根据岁差推算,在大约3500年前,二十八宿在天空中的位置,确实是大致沿着赤道分布的,只是在上千年之后,地轴的摆动才让它们现在变得与黄道接近了。

　　"牛宿"和"女宿"这两个名字，在不同文明的二十八宿系统里都有出现。但是它们为什么会叫这样的名字呢？应该有相关的传说来源。目前看来，只有在中国，有关于牛郎、织女的神话。那么，比较合理的解释就是，牛宿、女宿这样两个名字，是来自中国，后来传入其他国家的。

　　揭示二十八宿起源年代的最重要一点，还在于牛宿和女宿的相对位置。玄武七宿的顺序是"斗牛女虚危室壁"，从西向东分布，所以牛宿在西边，女宿在东边。但是我们现在看牛郎和织女星的相对位置则正好相反，是牛郎在东边，织女在西边，每天晚上织女星先升起来，牛郎星紧紧追赶在后，这才有了牛郎织女的故事。闹出这样一个满拧，归根结底还是因为岁差。在大约5000年前，由于地轴的指向和现在有微小的差别，在当时的星空中，确实是牛郎在西、织女在东的。这个顺序也就体现在了二十八宿的安排上。虽然从西周开始，牛郎织女的相对位置已经发生了调换，但牛宿和女宿并没有跟着换过来，还保留了原本的模样。反过来，印度的二十八宿里，牛宿和女宿则对应了后来牛郎织女的位置，牛宿在东，女宿在西。这也是印度的二十八宿时代较晚的一个证据。

　　牛宿、女宿不但是二十八宿发源地的见证者，在这里，还标记了星空中一个非常特殊的点——东周时的冬至点。《周髀算经》里就说过"日冬至在牵牛"。后世的人们设想一个日、月相会于冬至日午夜时分的时刻，作为编写历法的起点，也就是"历元",所以《易传》里说"日月五星起于牵牛",有的古书甚至说在开天辟地的那一刻,日月五星都在牛宿,随后才开始正常运转。正是因为这一点,牛宿所在的这一段黄道,被标记为岁星十二次里的第一次,起名为"星纪"。

15. 星空古战场中的敌人是谁?

星空中的第一片战场位于苍龙七宿的南侧，敌人是"青丘"和"长沙"两个星座，代表古代南方少数民族。星空中第二片战场位于北宫玄武七宿，防范的是以"天垒城"星座为代表的北方少数民族。星空中的第三个战场位于西宫天区，敌人是代表西北方少数民族的昴宿。

四象和二十八宿在上古时期各自出现，后来才对应到一起，由四象中的每一位神兽各自统领二十八宿中的七宿，把沿着黄道和天赤道的星空分为四块。二十八宿中的某一宿，比如说井宿、参宿这样的说法，既可以指代天空中的一片区域，又可以指代一个单独的星座。我们前面约定过，用"某某宿天区"和"某某宿星座"来区分这两种不同的含义。在之前的几节里，我们和日、月、五星一样，沿着二十八宿游览了一圈，领略了黄道沿线的各种风光，一路上见证了星空帝国人们的工作、生活和战争。在一年四季的广阔星空中，星空帝国一共有三片对外作战的战场。这一节，我们就来讲讲这些星空中的战场。

星空中的第一片战场，位于苍龙七宿的南侧，银河最亮一段的岸边。在角宿和亢宿星座的正南方，有一个星座叫"库楼"，一串星星围成一个开了个小口的半圆环。库楼这种建筑一般是带防御工事的兵器库，现在我们在长城上还能看到大大小小的各种库楼，在其中一些库楼里还曾经找到存留的古代兵器。星空中的这个库楼星座占地不小，几乎相当于角宿星座、亢宿星座和氐宿星座加起来那么大。这么大一个兵器库，专门有一个星座来充当它的大门，名字简单直接，就叫"南门"。南门星座一共有两颗星，一左一右把着门，其中第二颗星，也就是"南门二"可是大大有名。首先，它是全天亮度排名第三的亮星，只比天狼星和老人星暗，整个天赤道以北没有哪颗亮星是它的对手。其次，"南门二"远看是一颗星，但现在我们知道它是由三颗星组成的一个小团体，其中最暗的一颗星只能在望远镜里看见，它有一个大名鼎鼎的名字，叫"比邻星"，距离我们只有 4.27 光年，是距离地球最近的恒星。

说回库楼星座这个兵器库。它里面专门有一个星座叫"衡"，度量衡的"衡"，这是用来称量武器的一杆秤。外面有"柱"，这是悬挂军旗的旗杆。在这个兵器库东边，有一大堆代表各种军官和士兵的星座。代表军官的有"骑阵将军""从官""骑官"这么几个星座，结合北边的"阵车""天辐"星座，又有战车，又有车轮的零配件，看来这是一支以战车兵为主的部队；代表士兵的有"积卒"，这里的"积"是积累的"积"，"卒"是兵卒的"卒"，也就是说派来的都是老兵。

在所有这些官兵、战车和武库的大后方，有一个"阳门"星座。阳门是个什么门呢？《淮南子》里说天下有"九州八极"，八极就是东、西、南、北、东南、西南、东北、西北八个方向最远的地方，每一极是一座大山，也是一道连通天地的大门，其中东南这一极就叫"阳门"。后来很长一段时间，古代城池的东南门也都被称为阳门。回到我们的星空帝国，阳门星座所在的天区是东方苍龙七宿里的亢宿天区，确实也位于三垣的南侧，可不正是帝国的东南门吗？在阳门星座旁边，有关押和审讯战俘的"顿顽"星座，还有负责军法的"折威"星座，整片天区都处于战时状态。这片战场的敌人位于西边不远处的南宫朱雀七宿，轸宿天区有两个星座，一个叫"青丘"，一个叫"长沙"，在上古时候都指代边缘蛮荒的小国，代表的是古代南方的少数民族。星空南方战场上的这一场南北之争，也是历史上无数次真实征战的写照。

星空中的第二片战场，位于北宫玄武七宿，就是我们之前在黄道上游历时经过的"天垒城""垒壁阵"星座。垒壁阵是一个长长的星座，从虚宿星座的南方一直延伸到壁宿星座的南方，形成一道坚固的防御阵地。"垒壁阵"这个名字很有讲究。垒是沟垒的垒，古代说沟垒，指的是战壕和挖战壕的时候挖出来的土堆成的土墙。"壁"是墙壁的"壁"，古时候指城墙。"阵"是营阵的"阵"，营阵是人墙。所以垒壁阵是城墙、土墙、人墙"三墙合一"，它位于北宫天区，防范的是以"天垒城"星座为代表的北方少数民族，主要是匈奴；在人间的大地上，也同样有一道防范北方民族的长长的墙，那就是长城。所以说，中国古代对星空的理解，处处都有"天人合一"的影子。

　　垒壁阵防范的是北方外敌，它的身后当然就是军营的北门。无独有偶，在这片阵地上充当大门的，也是周围一大片天空里最亮的星，这就是"北落师门"。受到它的影响，汉代长安城的北门就叫"北落门"。当然了，汉代长安城与这片星空相互影响的不只是城门，还有驻扎在城门外的天子禁军"羽林骑"。其实汉武帝设置的这支亲卫部队一开始的名字是"建章营骑"，守卫天子所在的建章宫，后来才改名为羽林骑的。

　　星空帝国的第三个战场，位于西宫天区，象征的是西北方边境的战场。这片战场几乎涉及整个西宫七宿。坐镇这片战场的统帅是位于娄宿天区的"天大将军"星座。不过这位大将军并没有亲临前线，而是坐镇后方，背靠着紫微垣。银河从附近流过，河上有运兵的"天船"星座，我们前面提到过天船里还有积水；岸边有巨大的陵墓"大陵"星座。这些迹象似乎都暗示着战争的惨烈。天大将军在后方，那前线的仗谁在打呢？还有一位星空中最耀眼的将军，就是参宿和觜宿加起来组成的这个星空中的巨人。有学者认为，觜宿三星是这位将军的头部，参宿七星是他的身体，他左手拿着斧头，也就是"伐"这个小星座；右手拿着战旗，也就是"参旗"星座。无独有偶，在西方，觜宿和参宿所对应的猎户座也是一位英勇的武士。参宿大将军面对着代表西北少数民族的昴宿，《史记》说"昴曰髦头"，指的是披散头发的战士。从西周时候起，华夏民族就一直在和西北方的各族作战。

西宫天区这片战场有点儿特殊，南方战场和北方战场都是严阵以待，有阵地，有士兵，有军官，有军械，连军法官和刑具都配备整齐，西北方战场却有点儿打打和和的意思，有天街、天关这样的正式的边界，还有"九州殊口"这样的翻译官，似乎是有日常交流甚至通商的。在战场后方的腹地，就是胃宿和娄宿的一片丰饶地区，这应该也是前线战士奋勇作战的动力吧。

16. 如何才能渡过银河？

银河从紫微垣的后门口和天市垣的墙外流过，成为星空帝国的主动脉。银河上有阁道星座，充作桥梁，还有用来运兵的天船星座，此外还有涉水而过的车马，即五车星座。

"银河"这个名字出现得比较晚。最早的时候它叫"云汉"，《诗经》里就说"倬（zhuō）彼云汉"。长江有一条支流叫汉水，在古代很重要。为什么要用汉水的这个"汉"字来代表银河呢？有学者考证说是因为我国的主要河流大多是东西走向的，比如江、河、淮、济这著名的"四渎"，都是从西向东流入海；唯有汉水是南北走向的，跟天上同样是南北走向的银河相对应，所以就把天上这一道好像发光的云彩一样的乳白色亮带叫作"云汉"。汉水的起源地叫汉中，楚汉相争的时候刘邦被封到这里当汉王，后来沿用国号为汉。所以汉民族、汉文化的"汉"和银河这个云汉的"汉"来自同一个源头，都可以追溯到汉水这条河上。后来又把银河称为"星汉"，曹操在《观沧海》里就写"星汉灿烂，若出其里"。至于"银河"这个词，在南北朝时候才出现，在唐代开始流行，最有名的当然还是李白那句"飞流直下三千尺，疑是银河落九天"。

　　这条天上的河流纵贯整个星空，与黄道交错，交点分别在井宿和斗宿。银河从紫微垣的后门口和天市垣的墙外流过，成为星空帝国的主动脉。我们就从紫微垣的后门说起。前面我们讲过，紫微垣后门门口有"华盖"星座和"杠"星座，外面设置了传舍星座，来朝见天帝的官员和宾客在这里休息，这就到了银河岸边了。"传舍"这个星座基本上是沿着银河岸边划出一道弧线，华盖就在它正中间凹进去的部位。跟"华盖"星座相对的另一侧，有一个星座叫"阁道"，从北向南横贯在银河之上，像是一道飞架的桥梁，银河的对岸就是室宿和壁宿。阁道这个星座在星空中不大起眼，不过它在地面上的对应物可是大大有名。

　　高中语文课本里有一篇著名的《阿房宫赋》，写的是秦始皇在咸阳郊外修建的阿房宫。"长桥卧波，未云何龙？复道行空，不霁（jì）何虹？"，说的是宫殿里横空架出长长的复道，好像彩虹一样跨过水面。阿房宫在渭水南侧的上林苑，复道跨过渭水，连通到咸阳，这不是随便乱修的。我们前面讲紫微垣的时候说过，古代帝王修建都城，常常要跟紫微垣或者北斗扯上关系。秦汉两代特别讲究"象天法地"，咸阳城当然也不例外，它是秦代的都城，对应着星空中天帝的所在。阿房宫是天子的离宫，对应的是星空中的离宫，也就是室宿和壁宿加起来组成的"营室"，相当于现代西方星座里的飞马大四边形。咸阳城和阿房宫之间隔着渭水，紫微垣和营室之间隔着银河，阁道星座就像阿房宫高架的复道一样，跨过长河，连接两端，是银河上的一座桥梁。在这个星座，722 年突然出现了一颗星星，史书上记载为"阁道客星"，有学者怀疑它就是著名的第谷超新星的前身。

"阁道"星座"一桥飞架南北"，"天大将军"就在南岸的东侧不远处，督促着"天船"向东运送兵员和给养。"天船"星座九颗星勾勒出一道弧形，像是一艘两头翘起的船。这艘船的航行看起来相当不易，因为银河在天船这个位置特别窄，旁边还被"大陵"星座这个巨大的坟墓隔断了大半的河面，所以"天船"星座其实有一小半都伸到岸上去了，看起来有点儿像是触礁的模样。天船上方有一颗星叫"积水"，船不但撞了，连水都漫进来了。

银河上不但有船，还有涉水而过的车马。"五车"星座几乎全部浸泡在银河里，看来这些战车全都是水陆两用的。五车这个星座由五颗亮星排成一个五边形，亮星旁边还专门配了拴马用的"柱"，一共三组，西北、东北、东南各一组，看来是五辆车轮流使用。五边形里面围着咸池星座，就是"西宫咸池"的咸池。咸池在古代神话里是太阳下山后沐浴休息的地方，安排在银河的河中心，也算是很高的待遇。

古代喝茶讲究用"江心水"，俗话说"扬子江心水，蒙山顶上茶"，这里的水相对比较干净，也不像地下水的水质参差不齐，有甜水和苦水之分。咸池星座在银河中间这么一站，星空帝国的居民们要从银河里取水的话，就只能喝太阳的洗澡水了。

天船和五车在阁道的东侧，也就是朝向井宿的一边，银河在这里可以涉水而过；在阁道西侧，朝向斗宿的一边也有一道渡口，那就是位于牛郎星和织女星东侧的天津星座。"津"是渡口的意思，天津就是天上的渡口，银河在这一段有许多被暗星云遮挡住的阴暗的地方，像是河水里的沙洲，天津星座刚好位于沙洲间的空隙里，可以从这里直接穿过银河。这里也是银河开始分岔的地方，从天津这个渡口往西南，银河就被一道裂缝分隔成了两支。再往地平线方向流去，就会经过斗宿的"鱼""龟""鳖"几个星座，遇到水族动物园了。

渡口当然总是兵家必争之地，我国历史上在各个渡口发生过无数战役，所以星空帝国也有一位大将军镇守在渡口旁边，这就是转职成水军将领的牛郎星。在隋代的东都洛阳城，有一座著名的天津桥，那是因为洛水穿城而过，仿佛银河，于是特意在洛水上的对应位置修建桥梁，就命名为天津桥。"天津"这个名字也被用于我国的一座大城市上，那就是位于海河下游的天津市。天上的天津是银河分岔的地方，地上的天津则是海河五大支流汇合的地方，天上地下遥相呼应，依然是"天人合一"的呈现。

17. 星空中人们是怎么生活的?

星空中与衣服相关的有织女星座, 天市垣中有纺织物交易场所"帛度"星座。与饮食相关的有"瓠瓜"星座、"天渊"星座、娄宿、"野鸡"星座、"八谷"星座和"积水"星座、"天樽"星座。跟住有关的星座有危宿、室宿、壁宿。关于出行的星座都是为天帝和运兵服务的, 普通平民出行很难。

说到日常生活, 那当然离不了衣食住行。和衣服相关的星座, 最主要的是织女星座, 其中织女星特别明亮。织女在神话传说里是天帝的公主, 不过纺织这件事是人间每一个女孩都得学会做的事。织女织的是什么呢? 古代棉布出现得很晚, 宋元之前人们穿的都是"帛", 也就是丝绸, 或者"布", 也就是麻布。所以古代说的"布衣", 穿的不是物以稀为贵的棉布, 而是粗糙的麻布。当然织女身份高贵, 想必是织丝绸的。丝绸要靠养蚕结茧，养蚕要靠桑叶，所以古代宅院前后都要种桑树，《孟子》说"五亩之宅，树之以桑"，就是这个意思。桑叶要到桑树上去采，每天带着竹筐去采桑叶是女孩子重要的日常工作。这只采桑用的竹筐也在天上，就是织女北边的"扶筐"星座。在织女的东南，隔着天市垣的垣墙，是天市垣里的"帛度"星座，这里是纺织物交易的地方。也许织女织出的帛，也会在这里交易吧。

对生活在现代的我们而言，星空帝国的食物可能毫无吸引力。因为星座的名字成形得太早，大都是在先秦两汉时映射到天上的，好多好吃的东西还没出现。织女附近有"瓠（hù）瓜"星座，瓠瓜是一种葫芦科植物结的瓜，瓜嫩的时候可以吃，叶子也可以做菜；瓜熟之后晾干，整个的葫芦可以当容器，对半剖开来可以当水瓢，直到现在还有一些地方把水瓢称为"瓜瓢"。《诗经》里专门有一篇《瓠叶》，说："幡（fān）幡瓠叶，采之亨（pēng）之。"到现在瓠瓜还是一种常见的瓜菜，不过叶子是没人吃了。瓠瓜旁边有"败瓜"，这两个星座可能是给人们提示农时的，瓠瓜星座出现的时候瓜开始成熟，等到败瓜星座出现，再不摘可能就要坏了。肉当然也有，有养殖的，比如奎宿天区有"天溷（hùn）"星座，这是猪圈，而娄宿星座自己就有放牧牛马的意味，也有野味，比如井宿天区有一个"野鸡"星座。

星空里不能光有肉和菜，还得有主食。我们在聊紫微垣的时候，说城墙外天厨星座旁边有"八谷"星座，比五谷还多三谷。古时候五谷一般说是稻、黍、稷、麦、菽，也就是大米、小米、大黄米、麦子、大豆，都是我们现在还在吃的粮食；当然也有说是麻、黍、稷、麦、菽的，古时候的麻一般认为不是芝麻，而是可以食用的大麻籽，可以吃也可以榨油。一说起大麻，大多数人可能现在第一反应就是毒品，不过古代传统种植的不是这种含致幻剂的医用大麻，而是用来提供纤维的工业用大麻，也就是所谓的"火麻"。火麻的种子叫"火麻仁"，现在还有人把它当零食吃，也用来榨油和入药。八谷比五谷分得细，指的是稻、黍、大麦、小麦、大豆、小豆、粟、麻，除了麻，其他粮食我们现在也都还在吃。八谷旁边我们之前提到过还有一个天桴星座，它代表的东西到现在还有人在用，那就是打谷子的连枷。这东西远看像双节棍，一边是绑成一排的竹条或者木条，另一边是一根木棒，人握着木棒挥动，竹排就一下下拍在谷物上，给谷物脱壳。实物可能很少有人亲眼见过，不过它的模样大家一定不陌生：连枷也被当作武器使用，许多游戏、动画里都有它的踪影，比如英雄联盟里的凛冬之怒瑟庄妮，用的武器就是它。除了天桴星座，星空帝国里还有舂捣谷物的杵星座和臼星座、簸扬谷物的箕宿星座，甚至还有谷物脱壳下来的糠。舂粮食是个苦活儿，秦汉的刑罚里专门有一级"城旦舂"，男犯人罚去筑城，女犯人罚去舂米。星空帝国的杵有两套，一套是民用的，在箕宿；另一套是军粮用的，在危宿，但是旁边都没看到舂粮食的人，不知道在天上又会是让谁来干这个力气活儿。

有了粮食，那就得有种粮食的人。星空中的田园风光主要在斗宿和牛宿天区，这里鸡犬之声相闻，有田、有水、有水利灌溉设施，还有"农丈人"这样一个管农业的星官。银河和黄道相交的地方有两个，一个是在北宫玄武七宿里的斗宿，这里有农丈人；另一个是在南宫朱雀七宿里的井宿天区，这里有三代同堂："丈人""子""孙"。井宿这里还管酿酒，有一个"积水"星座，跟天船里的积水星座不是一回事，这里的水是用来酿酒的好水，旁边"天樽"星座是酒杯。

吃喝齐了，就得有拉撒。井宿天区西边紧挨着参宿和觜宿天区，参宿有"厕星"和"屎星"。再往西去，就是奎宿天区的猪圈"天溷"星座，古时候猪圈跟厕所一般是挨着的，五谷轮回，一站到底，人的拉撒跟猪的吃喝直接连了起来。

说完了衣食，我们再来看看住行。星空帝国里跟住相关的星座都在危宿、室宿、壁宿这三块挨着的天区，我们前面说过，危宿的危就是"危楼高百尺"的危，代表屋顶，这里有"盖屋"星座，还有一个小星座叫"坟墓"，阳宅阴宅全齐了。室宿和壁宿在上古的时候直接就叫"营室"，代表的就是盖房子的时节，"定之方中，作于楚宫"，它们升起来的时候农忙已经结束，土地还没冻上，正好挖地基夯土。"住"的问题，看来也解决了。

　　在星空帝国，普通人出行看来是一个问题。天上有船，不过天船星座是用来运兵的；天上也有车，不过五车星座可不是给平民百姓坐的。天上有桥，但是阁道星座直接连到宫殿，普通人不能走。至于"斗为帝车"，那更是天帝的专属。二十八宿里，"房为天驷"，"轸为天车"，天上有车有马，但是这车和马隔着整整一个季节，凑不到一块儿去。古代的圣人里，发明车的奚仲、善于养马的王良、善于驾车的造父都在星空里有自己的位置，不过他们也是为天帝服务的。看来，星空帝国里的普通老百姓，跟人间的古代平民一样，很难出远门，要出门，也只能靠自己的两条腿了。

第三章 占星与天象：身兼二职的古代天文学

为什么古人认为荧惑守心是最凶星象？

为什么荧惑守心这么特殊呢？一方面是因为视觉效果太突出了，心宿最亮的星是大火星。大火星和火星的颜色都是明亮的红色，两颗星凑在一起视觉效果比较惊悚。另外一方面，大火星在古代可以代表天帝。这样一颗象征着天子的亮星，被一向象征着战乱的荧惑逼近，还停留在这里，在古人看来，当然是大事不好。

01. 古人如何观天象知人事？

中国古代的星座是人间的映射，古人把世间的一切映射到天上，再反过来根据星空中的异常变化来解读人世间的变化。中国传统文化用这样一种"天人合一"的宇宙观，作为指导人世间一切秩序和模式的根本框架，影响一直延续了几千年。

中国古代的星座是人间的映射，古人把世间的一切映射到天上，再反过来根据星空中的异常变化来解读人世间的变化。从这个角度来看，天文学在古代是一种"解码"的工作，并不是为了探求变化背后的客观规律，而是试图把变化纳入一种系统的哲学秩序当中。不过，要判断什么是星空中的异常现象，那就必须了解什么是星空中的正常现象，这就促使古人更仔细地观察和了解星空，他们对天象的阐释，也随着对星空的了解而有所变化。比如行星的逆行，在先秦曾经被作为一种异常天象来看待，认为它是一种特殊的预兆，但到了秦汉时期，就已经知道行星的逆行是一种正常现象，不再把它列入解读的范围中。反倒是现在，有人时不时把"水逆"拿出来说事，其实这都已经是两千多年前的"冷饭"了。

古人解读天象，认为星空中的现象对应人世间的大事，这种对星空的看法并不是中国文化所独有的，几乎所有的古代文明都经历过这样一个阶段。直到现在，流行文化里还把"星座"当作一个话题，用人们出生时的天体位置来对应不同的性格和天赋，这种说法就是来自古巴比伦文化的传统。但中国传统文化用这样一种"天人合一"的宇宙观，作为指导人世间一切秩序和模式的根本框架，影响一直延续了几千年，这在世界史上是独一无二的。

中国的古人仰望星空，把人间的王朝映射到天上，但星空的帝国并不只是人世间的投影，中国古人对宇宙的观念，不仅深深埋藏在中国人的文化、习俗与性格之中，还深深影响着人间帝国的秩序。甚至可以说，自古以来的国家形式，都是当时的人们按照对宇宙秩序的理解而模拟创制的。

在上古时代，曾经发生"绝地天通"的故事，体现在神话故事里，就是重、黎两个巨人把天和地分开，给人间只留下了一条与天界沟通的出路，那就是通天的"建木"，这是一棵真正的参天大树。通天的神树其实就是天文学家树立起来的"表"，而"绝地天通"的神话，代表着古代的君王独占了天文学知识，同时也独占了对天象的解释权。君王成了人世和天界之间唯一的交流渠道，他们既是王，也是大祭司，祭祀和问卜是他们的主要工作之一。

我们现在能看到的商代的甲骨文，刻在龟甲或者牛骨上的文字几乎全都是对祭祀和占卜的记述。什么时候为了什么事向谁祈祷和问卜，只有王才能决定。甲骨文里各种表示时间的词，大都是为了描述祭祀的时间；从商代开始使用的干支纪日的办法，原本的用途其实是为了把要祭祀的祖先分到不同的日子里，轮流祭祀。《左传》里说"国之大事，在祀与戎"，这里的祀就是指祭祀，戎是指战争，祀还在戎的前面。祀和戎都是君王的事，普通人是管不着的。君王是联结人和天的唯一通道，那么世界也就围绕在他周围，而且离他越近地位越高。君王本人是天地的中心，又因为君王是最大的巫师，所以甲骨文里涉及祭祀的"巫"字都写成十字形，十字的四个末端各有一个短横✛，这样一个简单的符号包含着四个基本方向和一个中心，这是上古时候人们心目中的宇宙结构，同时也代表着执行"国之大事"的君王。这是早期版本的"天人合一"。

后来周取代了商，继承了商人这一套敬天和法天的文化，也继承了中心的绝对权威。所以周公要寻找大地的中心，并在其附近地势最好的地方建立了洛邑，也就是后世的洛阳。因为在周成王的时候把都城迁到了这里，所以青铜器的铭文里把它叫作"成周"。洛邑是最早的"中国",青铜器"何尊"上面的铭文里出现了"宅兹中国"的字样,这是目前已知最早的带有"中国"字样的文物。"中国"这个词,就是商周以来"中心—四方"宇宙观的体现。

在周代的权威崩溃之后,五行的宇宙观渐渐兴起,取代了"中心—四方"宇宙观。为什么呢?因为春秋战国时群雄并立,已经不是以周天子为核心的这样一个结构了,当时的各方势力,就特别需要一个能解释自己这个势力在周天子之外兴起的宇宙观。我们说"天人合一",古人特别相信社会秩序应该符合宇宙秩序,所以社会秩序变了之后,他们要用宇宙秩序来解释。

五行是金、木、水、火、土,这是我们熟悉的顺序,每个中国人都能张口就来,那么这是个什么顺序呢?是五行相克的顺序。金克木、木克水、水克火、火克土、土克金。秦始皇用的就是这个顺序。"五行"宇宙观认为宇宙的能量按照五行的能量不断流动,那么当然所谓"天命"也随五行流转,国家兴亡都是由宇宙秩序控制的,这才有了"王侯将相,宁有种乎"的观念。后来汉取代了秦,一开始也是沿用五行相克的顺序,在"罢黜百家,独尊儒术"之后,才用五行相生的顺序,取代了相克,可能是为了表示自己跟以暴力手段立国的秦不一样吧。五行相生的顺序是木火土金水,木头可以点燃,这是火,烧出的灰烬是土,土里面可以挖出金,有金的地方据说就有水，最后水滋养木，这样一个循环。我们在看历史剧或者历史小说的时候，看到有时候说汉朝在五行系统中对应的是水，有时候说是火，有时候又说是土，就是这个原因。从汉代开始，后来的朝代更替，就都是按照"五行相生"的原则来进行了。

在"五行"宇宙观里，朝代的"天命"按顺序更替，那君主要怎么证明"天命"还在自己这边，怎么牢牢抓住"天命"呢？

在商周时代，靠的是独占祭天和观天的权力，君主自己就是头号天文学家。但后来天文学家和皇帝这两个行当都越来越专业了，皇帝很忙，没办法再兼任天文学家了。后世唯一一个天文学家皇帝是中亚帖木儿帝国的兀鲁伯，那是位大天文学家，修建了著名的撒马尔罕天文台，可以说是14世纪世界的天文学中心，可是他当皇帝就太不在行了，只当了三年就死于非命。所以解释天象的权力交给了专门的学者，皇帝要做的事就只剩下按照宇宙秩序建设社会秩序和道德规范，并带头遵守，而且必须完美遵守，这样才能保持自己和"天"的关系，把自己打造成宇宙秩序的人类化身。这是新版本的"天人合一"。儒家学者还在其中加入了"天人感应"理论，认为天上的异象不仅是人世间变化的征兆，还代表着"天意"，是上天对皇帝的道德谴责。只要大自然中发生了不常见的事情，那一定是皇帝在什么地方犯了错。

顺应宇宙秩序，首要的就是顺应时节，就是到了什么时令就该做什么事，如果你不这么干，以后发生了不好的事就全怪你。中国最早的历书《月令》，其实就是一份一年里该做什么事情的时间表，什么天象什么物候对应哪个月，你该干什么事情了，每个月都写得非常清楚。即便是皇帝，也要和普通老百姓一样遵守同样的秩序。在有名的长沙马王堆出土过一份楚帛书，上面就写明了违反时令秩序的禁忌。直到现在，中国许多地方还有到了哪个节气该吃什么食物的讲究，人们很朴素地认为反季节的蔬菜水果就是没有正当时的好，这都是"天人合一"思想的投射。中医里讲阴阳，讲五运六气，其实讲的也是宇宙秩序的转换规律，认为人体作为一个小宇宙，要和外界的大宇宙相协调，这样才能健康长寿。修真小说里说的修行，其实也是相同的意思，人体秩序和宇宙秩序同步，那就是修仙成功了。

中国人秉承着这种"天人合一"的思想看宇宙，永远是把自己放在宇宙之中来观察的，这跟现代科学有很大的不同。现代科学的研究方式习惯于把自己和观察对象隔离开来，观察的目的是探求造成变化的深层规律，而中国古代天文学则是从整体中一分子的视角来观察宇宙，目的是找到一个对人间社会的指导规则。所以，中国古代天文学虽然在历法计算和天象记录方面有非常丰硕的成果，但和作为现代学科的天文学有着本质的区别。

在中文里，"宇宙"这两个字都带着宝盖头，说明它们与房屋有关，"宇"字的本义是屋檐，"宙"字的本义是屋脊。房屋里面一定有人，中国古代的天文学家关心的是这个有人生活在其中的时空，探究的是自然与人类之间的关系。司马迁在《史记》里说自己的理想是"究天人之际，通古今之变"，通过了解天和人之间的关系来了解历史和社会，这才是中国古代天文学的终极目的。虽然我们现在知道这其实是缘木求鱼，但这种理念已经深植于我们的文化和生活中。

02．为什么说古代天文学家是高危职业？

星空中的星官反映了人间社会的万事万物，古人用天意来约束皇帝，"天人感应"体现着各方势力与皇权的斗争，古代天文学家手里握着代表天意的话语权，很容易成为权力斗争的牺牲品。

"天人合一"这四个字可以说是牢牢交缠在中国历史的脉络里，影响着中华民族的性格、文化乃至社会架构。人们对天空、对宇宙的认识，和人们对社会、对国家的认识，彼此之间相互影响和投射，星空中的星座反映了人间社会的万事万物，而人间的秩序和道德法治都按照对宇宙观的设想来搭建。甚至在以法家治国的秦代，官吏们也要按照天时的顺序来办事。我们在牛郎织女的故事里提到过先秦的《日书》，它就是那时候的黄历，什么日子该办什么事、不该办什么事写得清清楚楚，这部《日书》是在湖北云梦睡虎地秦墓群中一位名叫"喜"的秦代小吏的墓中发现的，是他的随葬竹简，说明这是墓主人生前日常使用的东西。

到了汉代，儒家兴起，董仲舒又提出了"天人感应"学说。其实原本的儒家，孔子早就说"子不语怪力乱神"，是不搞天人感应这一套的。孔子编《春秋》，就结束在鲁哀公十四年（前481）发现麒麟这一条，据说孔子听说麒麟出现在乱世，是老泪纵横，压根儿没觉得这是什么来自上天的启示。"天人感应"也好，五行运转也好，这样的思想更多是来自战国时期的阴阳家而不是儒家。但是孔子面对的是春秋时期的小国诸侯，汉代儒家面对的是统一大帝国的皇帝，对方的分量和凶残程度完全不一样，所以只好搬出天意来约束皇帝。天意的解释权在谁手里呢？在文人学者手里。所以"天人合一"或者说"天人感应"这个理论背后，还体现着各方势力与皇权的斗争。手里握着代表天意的话语权，历史上的天文学家变成一个高危职业，那也就完全不奇怪了。

在中国历史上，天文学家都是官方职位，特别是魏晋南北朝之后，是严禁民间私自学习天文的。因为在中国文化里，观察天体运行本来就不是为了探求宇宙的深层客观规律，而是为了指导人间事务。要么是从天体运行的正常现象里总结出时间规律，这是跟历法相关的部分；要么就是从天体运行的异常现象里解读出上天的旨意，这是跟占卜相关的部分。不管哪个部分都是皇家的专利，所以天文学家都是皇家天文官。在夸父追日的故事里，我们可以看到上古天文官在神话里的影子，夸父在故事里最终是死去了，也可以说他是最早一代殉职的天文学家。在后羿射日的神话里，我们可以解读出整肃历法的痕迹，这也是天文学家干的活儿，后羿的"彤弓素矢"都是天帝所赐，走的也是官方路线，不过在神话里待遇也不怎么样。

到了先秦时代，天文官由史官兼任，本书开篇讲到的"龙尾伏辰"故事，里面谈论天象的就是一位史官。《史记》有《天官书》，《汉书》有《天文志》，从秦、汉到南朝，掌管天时星历的都是太史令，隋唐时期有时叫太史曹，有时叫太史监，还有时叫太史局，总之还是带着个"史"字。到了唐肃宗时，皇家天文官才跟史官分离开来，设立了司天台，明代叫司天监，后来又叫钦天监。钦天监的官员规定是"子孙世业"，世世代代都得干这一行。其实古代的技术工种往往如此，都是家传的技艺，史官也好，天文学家也好，都是代代相传的。

上古时期甚至一族天文学家共用一个名号，比如"羲和"这个名字，在典籍里出现在各个时代。尧的时候有羲和，《尧典》里说"乃命羲和，钦若昊天"；舜的时候有羲和，《山海经》里说羲和是帝俊，也就是舜的妻子，生了十个太阳；夏的时候还有羲和，《尚书》里还记载了夏代仲康年间的一位羲和，他之所以被郑重记录下来，就是因为从事天文学家这个高危职业的时候，竟敢工作不力，于是丢了脑袋。

这位倒霉的羲和犯了什么事呢？很简单，有一次发生日食的时候，他喝醉了。《尚书》原文写得比较含糊，说他"沉乱于酒""昏迷于天象"，就是喝多了不管事，连天上出了事都不知道。但他到底管的是什么事呢？学者们还有点儿争议。

有人认为他是因没有预测到日食的发生而失职了，因为原文后面又说"先时者杀无赦，不及时者杀无赦"，好像那时候准确预测日食就是件理所当然的事情似的。

也有人觉得，仲康时代起码是公元前 20 世纪之前的事情了，预测不准很正常，不能算错，但是在日食的时候，人们要举行救日仪式，把太阳从被神秘力量吞噬的命运中拯救出来。《尚书》原文里写这次日食发生的时候"瞽奏鼓，啬夫驰，庶人走"，"瞽"是盲眼的乐师，"啬夫"是小吏，"庶人"是平民百姓，那就是全民都动员起来了，单单不见应该率领这一切的羲和。所以夏王仲康震怒，派了胤侯讨伐，还专门在出征前搞了一篇告示，就是留在尚书里的这篇《胤征》。因为羲和的这次失职被杀，还在典籍里留下了史上最早的日食记录，因为是在《尚书》里记下来的，所以被称为"书经日食"。

羲和掉脑袋是自己失职，该干的事没有干。历史上还有一位天文学家因为对天象的进言而丧命，则是因为在君王看来，他干了不该干的事。

在东晋时，北方地区处于五胡十六国时期，各种民族和各种势力纷纷崛起，战乱不断，其中后秦和北魏打过一次大仗，就是著名的"柴壁之战"。柴是柴火的柴，壁是墙壁的壁，现在山西襄汾县南边有一个柴庄村，就在当初柴壁城的位置。后秦困守柴壁的军队被北魏军队打得几乎全军覆没，眼看就要被长驱直入甚至灭国的时候，北魏却莫名其妙地退军了。

后世的人们查阅史料，发现这很可能跟当时北魏的太史令晁崇有关。古代军队打仗的时候，特别是君主亲征的时候，总要把史官带在身边看天象，当时北魏的皇帝拓跋珪也不例外。于是在柴壁之战告一段落的时候，晁崇禀报说天象有变，"月晕左角，角虫将死"，意思是月亮周围出现了月晕，碰到了角宿左边的这颗星，预示着长角的动物要大批死亡。接下来，北魏军中运送粮草辎重的牛竟然真的死了一大批。我们现在知道这种事肯定要么是刚好赶上瘟疫，要么是有人在搞鬼，但当时人们信这个啊，拓跋珪马上就撤军了，放弃了军事上的大好机会。不过他撤退之后也就回过味儿来了，事情有点儿太巧。而且根据现代天文学家推算，在柴壁之战那会儿，月亮应该在昴宿，离角宿远着呢，晁崇这话根本就是在唬人。所以很快皇帝就下令，赐晁崇自尽，也算是天文学家这个高危职业的又一个注脚。

其实，历史上的天文学家之所以是个高危职业，根本原因是天文学和皇权牵涉得过于紧密，天文学家常常被卷入政治斗争。各种离奇的天象出现时，一旦不能做出让君主满意的反应，就可能招来杀身之祸。如果是出于某些目的编造虚假的天象，更是非常冒险的行为。不过，也正是因为古代天文学家必须对离奇天象作出合理解释，所以在史书中能够完备地记录下来各种天象，造就了中国古代格外丰富、格外完整的天文学史料，为后世的天文学研究提供了许多观测资料。

03 . 客星与超新星爆发有何关联？

超新星爆发，体现在地球夜空中，就是一颗星星的亮度突然增大，看起来像是在原本没有星星的地方出现了一颗亮星。古人不了解恒星的演化过程，他们把一切看起来突然出现的天体称为"客星"。

所谓超新星，是一些大质量的恒星，或者双星系统在生命晚期的大爆发，体现在地球的夜空中，就是一颗星星的亮度突然极大增长，看起来像是在原本没有星星的地方出现了一颗亮星。古人当然并不了解恒星的演化过程，也不知道这种亮度的变化是怎么产生的，他们把一切看起来突然出现的天体称为"客星"，说它们像是来做客的，而且"或行或止，不可推算"，张衡说它们"其见（xiàn）无期，其行无度"，做的还是不速之客。

现在我们当然知道，超新星是一种正常

的天文现象，而且在现代天文学正要诞生的年代，刚好出现了两颗超新星，也就是 1572 年的第谷超新星和 1604 年的开普勒超新星，它们打破了人们心目中原本那个恒定不变、完美无瑕的宇宙，对现代天文学的出现功不可没。直到现在，对超新星的研究还是天文学研究的热点，现代天文学各个分支的一系列前沿方向都交会在这类特殊天体身上。不过，超新星爆发还是件比较稀罕的事，从统计学的角度看，像银河系这样的星系，大概每 50 年至 100 年就出现一颗超新星，但我们不是每次都能看见。所以望远镜发明已经四百多年了，天文学家还从来没有机会看到银河系内的超新星爆发。于是，东亚，特别是中国的大量相关记载，就成了宝贵的历史观测资料。

目前疑似最早的一条古代超新星记录，是一条商王武丁时候的甲骨文记录，学者释读为"七日己巳夕裡（yīn）有新大星并火"，意思是在七日己巳这天晚上烧火祭祀，祭祀谁呢？大火星旁边有一颗新的亮星。这里这个"并"字可以解读为这颗新的亮星，亮度跟大火星并驾齐驱。如此看来，它很可能就是一颗超新星。当然，这条记录的解读和含义都还有争议，没有写明具体位置、亮度和持续时间，也没有观测到遗迹，所以还不能作为确定的观测记录来看待。

要确认古代史料里的超新星记载是不是真的，最好的证据是超新星遗迹，超新星遗迹是超新星爆发时向外扔出的气体外壳，从地球上看，它们是一个个还在缓慢扩张的星云。如果史书上记载某个星座出现过一颗"客星"，现代在对应的位置找到一个超新星遗迹，这就算是"活要见人，死要见尸"，可以板上钉钉认为这条记载是准确的。目前得到遗迹认证的最早记录还是中国史书中记载的 185 年发现的"中平客星"，中平是汉灵帝时候的年号，《后汉书》里说中平二年十月"客星出南门中"，"至后年六月消"，这里的"后年"指的是第二年，也就是说客星在天空中亮了七八个月。我们前面讲星空战场的时候讲过，"南门"是"库楼"星座这个大型军火库的大门，这里忽然出现一颗亮星，稍微一联想就觉得不妙。《后汉书》里果然也记载说"占曰：为兵"，当时星占认为这是兵祸将起的预兆。这颗客星消失之后，过了三年就是袁绍诛杀十常侍，然后展开的就是我们每个人都熟悉的"三国"剧情。当然史书里的"预言"和"占卜"都是事后诸葛亮，《后汉书》是南朝范晔写的，他下笔之前就知道后来出了啥事。中平二年这颗客星很早就得到了天文学家的普遍承认，被收入《古新星新表》，后来在它的位置，还发现了一个超新星遗迹，距离我们大约 8000 光年。

史书中最著名的超新星记录，应该要算 1054 年的"天关客星"，这是人类历史上第一个得到超新星遗迹认证的历史记录，遗迹也是大名鼎鼎，那就是在梅西耶星表排名第一号的蟹状星云。《宋史》里说"至和元年五月己丑，（客星）

出天关东南，可数寸，岁余稍没（mò）"，亮了一年多。而且这颗客星"昼见如太白"，刚出现的时候像金星一样能在天没黑的时候就看见，这种情况持续了二十多天。这颗超新星的爆发在多个国家的史料里都有记载，作为遗迹的星云也发现得很早，所以很早就被认证了。现在，天文学家一旦发现了某个超新星遗迹可能是在最近2000年里爆发的，就会去史书里寻找相关的记载。因为超新星遗迹是超新星在爆发时抛出的气体外壳，它的膨胀速度是可以估计的，所以根据遗迹的大小和形状，可以大致估算出它已经爆发了多久。那么从倒推回去的年份寻找对应的记载，就能印证人们对扩张速度的计算方式是不是正确了。比如前面说过的中平客星，一直有人怀疑它的遗迹星云是被张冠李戴到它头上的，因为这个星云实在太大了，看起来不像是在不到2000年的时间里能够达到的程度。不过几年前，天文学家发现这个遗迹周围几乎是一片真空，所以它的膨胀速度确实比一般的超新星快得多。这不但解开了天文学家关于爆发时间的疑惑，也让他们对这颗超新星的爆发过程有了更多的了解。

不过，这一招也并不总是有效。比如1998年，在现在的船帆座中心发现了一个相当年轻的超新星遗迹，估计它是在550年至850年前爆发的，而且距离地球只有800光年，按理说应该有很多人看到，总能留下点儿什么史料记载，但就是一直没找到。学者分析说这颗超新星爆发的时间大约是在中国的元代，元代的天文台设在大都和上都，大都的位置在现在的北京，上都的位置在现在的内蒙古锡林郭勒，都很靠北，船帆座这颗超新星爆发的时候，从这两个地方可能刚好看不到。而低纬度地区的印度、阿拉伯，又可能受到蒙古西征的影响，正在战乱之中，没工夫注意到它。当然，这也有可能是现代人对星云膨胀速度的估计不准确，那么修正计算模型的过程，也正是加深对膨胀机制了解的过程。

虽然中国历代的天文学家一直在坚持不懈地长期观察星空，但他们对"客星"的认识毕竟和现代人不一样，客星的记录中除了超新星，也混进了不少彗星。除了天关客星这种白天都能看到的怪胎，大部分的客星亮度和普通恒星差不多，其实只有对星空非常熟悉的专业天文官员才能察觉，甚至许多不够明亮的超新星爆发根本不会被肉眼看见。而且，由于"客星"的出现代表着天意，还有可能出现谎报和瞒报的情况。赶上战乱期间，可能无法坚持观测和记录，已有的观测记录也可能因为战乱而遗失。再加上古代的书籍在传抄中可能出现的笔误，让古代的超新星记录有不少被误读的可能。尽管如此，闪耀在历史天空中的客星，依然是天文学研究的宝库。

04．客星山名字由何而来？

隐士严光和光武帝刘秀同榻而眠，严光睡觉时将腿搭在了刘秀的肚子上。太史令将其解读为客星侵犯帝星。后人将严光陵墓所在的小山改称为"客星山"。

客星山是现在浙江慈溪的一座小山，旁边有一个子陵村，是东汉初年著名的隐士严光严子陵的故乡。严光跟光武帝刘秀在年轻时曾经是同学，交情不错。后来刘秀当了皇帝，严光作为老同学，没有去找皇帝陛下要待遇，反而隐姓埋名，躲起来钓鱼。中国传统上说隐士，总是"渔樵耕读"并举，比如《射雕英雄传》里一灯大师的四个徒弟就是渔樵耕读各占一个，严子陵就是传统隐士里"渔"这个字的代言人。渔翁这个行当在中国文化里可以说是大名鼎鼎，后世诗词歌赋里反复出现的渔翁，什么"孤舟蓑笠翁，独钓寒江雪"呀，什么"西塞山前白鹭飞，桃花流水鳜鱼肥"呀，多少都有点儿他的影子。严光在同学间的才华是很有名的，刘秀当上皇帝之后想要找他出来做官，花了好大的力气，画影图形、全国悬赏，终于把他找到了，又派人三番五次地去请，这才把人弄到洛阳。老朋友见面，那时候表示亲热和礼遇的做法是"同榻而眠"，俩人睡一起是正常现象，比如《三国演义》里蒋干盗书，周瑜也故意安排他跟自己一起睡。刘秀跟严光聊天，聊得晚了也睡一块儿，严光睡到半夜翻身，就把脚丫子搭到了天子陛下的肚皮上。

我们前面说过，古人相信"天人合一"，认为宇宙秩序和人间的社会秩序是和谐统一的。宇宙秩序在人间的代言人是谁呢？是天子，所以跟天子相关的大事也会反映到天上。反过来，如果一个皇帝发生了什么事，但天上一点儿变化都没有，那就说明"天命"不在这个人身上，所谓的"真命天子"另有其人。那时候皇帝的法统，就在于"天命所归"这个人设，所以皇帝周围的人当然必须配合，把人设给立起来。于是第二天太史令就惊慌失措地来报告，说："哎呀，陛下，大事不好啦！微臣夜观天象，发现有一颗客星侵犯了帝星呀！有贰臣贼子谋害陛下，请陛下千万小心呀！"刘秀立马配合说："没有没有，只是这个家伙昨晚睡觉的时候，把脚搭到朕身上了。"

史书上没有记录严光当时的反应，不过他大概不至于当场戳穿这场好戏。从此严光严子陵的名字，就跟"客星"连在了一起。刘秀让他当官，他没有接受，最后还是回了富春江钓鱼。到现在富春山还有严子陵钓台，这大概也是全中国最有名的钓鱼台之一了。严子陵八十岁寿终正寝，葬在故乡余姚，也就是现在的慈溪，据说就是葬在村子旁边一座小山上。后世的人们就把这座原名"陈山"的小山，改称为"客星山"。

人世的故事被描写得影响到天界，还有另一个有名的例子，跟另一位姓严的隐士有关，那就是西汉末年的严遵严君平。其实不管是严遵也好，还是严光也好，本来都不姓严，而是姓庄，只是因为汉明帝叫刘庄，名字里有个"庄"字，天子的名讳不能被普通人天天挂在嘴上，所以姓庄的人都得避讳，就改姓了严。在严遵的生前和身后，都有人称他为庄子，甚至有人认为，后世人们心目中洒脱不羁的庄子形象，其实也融合了一点点严遵严君平的原型。这位还真能算得上是位天文学家，不过主要还是位道家学者，据说他早早地就预言了王莽篡汉和光武中兴两大事件，十分了得。严君平也是一辈子都没有出来当官，靠在成都闹市中替人算命为生。西晋的张华在《博物志》里写到他，说原本银河这条天上的河流跟地上的大海是相通的，每年八月的时候，海边就出现神秘的木筏，说不清是从哪儿来的。于是有一年有位老兄决定探寻个究竟，自己造了只大木筏，上面搭了楼台，装满了粮食，就这么出了海。开头十几天还能看到日月星辰，知道白天黑夜，接下来的时间就变得特别奇怪，昏昏沉沉的好像永远是晚上的样子，没有昼夜之分了。要说这老兄也是胆大，都这样了也没想过回头，带的粮食也真够，又走了一年左右，忽然看到岸上出现了一座城，城里面房屋修得整整齐齐，远远望去，宫殿里有正在织布的女子。岸边正好有个家伙牵着牛来喝水，看到这位老兄，大吃一惊，问他："你是怎么到这儿来的？"这位老兄说自己就是好奇瞎跑，跟人家打听这是哪儿。牵牛郎就指点他说："这是哪儿我不能说，你回去到成都找严遵严君平，他会告诉你。"于是这人回去，在成都的闹市里遇到严君平，把这事一说，严君平还真算得上是位天文学家，听了这话一拍大腿，说："某年某月某日，我看到有客星出现在牵牛星旁边，这么算起来，是不是就是你？"这位老兄算了算自己行船的时间，发现还真没错，这才意识到自己去了哪里，再想从原来的路径去天上，却找不到路了。这个故事后来也常被文学作品化用，那就是"客星槎"的典故。"槎"就是木筏的意思。也是因为这个故事，后世常常用"乘槎客"来形容有仙缘的人。南朝梁有一本书，叫《荆楚岁时记》，里面有许多精彩的传说，比如牛郎织女七夕相会搭鹊桥的事，就是从这本书里来的，不过这本书里写的鹊桥是用乌鹊"填河"，看来搭的是浮桥不是拱桥。《荆楚岁时记》里也有凡人沿着河水来到天界的故事，不过主角变成了通西域的张骞。说张骞出使西域的路上朝着黄河的源头溯流而上，走啊走的就来到一个城市，这里有织布的女郎，有牵牛的男子，织女还把自己固定织机的石头送给了他。当然张骞是西汉早期的人，他那时候严君平还没出生呢，只能拿着石头回来问东方朔。东方朔一看也是大吃一惊，说："这是织女的支机石呀，怎么会到你手里？"张骞这才知道自己到底去了哪里。当然张骞和《荆楚岁时记》的作者宗懔相差了六百多年，这已经完全是文学创作了。不过总之，天上人间互相连通，互相影响，在中古以前，看来都是很平常的观念。

05 . 为什么说荧惑守心比水逆更 可怕？

　　水逆是指水星逆行，在秦汉时期人们已经知道行星的顺行和逆行都是正常现象。火星在古代被称为"荧惑"，是战乱的象征。火星从逆行转向顺行时会在一个很小的范围停留一个月时间。人们将这种状态叫"守"，"心"指的是心宿，心宿中最亮的星是大火星。大火星在古代代表天帝的角色，象征着战乱的荧惑停留在象征着天子的大火星附近，自然会被认为是非常可怕的天象。

　　"荧惑"是火星的古名。"荧"是说它的颜色，像烛火一样红荧荧的；"惑"是说它的运行，火星在星空背景上沿着黄道穿行，从一个星座来到另一个星座，人们觉得它时而顺行，时而逆行，行踪诡异。早期人们不懂行星的运行规律，感到困惑很正常。后来到了秦汉时期，人们就已经知道行星的顺行和逆行是正常现象，不再把行星的逆行当作解读对象了，但是在它从顺行转向逆

行，或者从逆行转向顺行的过程中，火星会在一个很小的范围内停留差不多一个月的时间，而且上一次停留和下一次停留从来不会在同一个位置，这就让古人觉得非常神秘。人们把火星在星座间停留不动的这种状态叫作"守"，这其中最特殊的，就是火星在心宿的"守"，也就是"荧惑守心"。

为什么荧惑守心这么特殊呢？一方面是因为视觉效果太突出了，心宿最亮的星是大名鼎鼎的大火星，在荧惑被称为火星之前，大火星一直占用着"火星"这个名字，原因有两点：一是亮，二是红。《天官书》里说"红比火，白比狼"，意思是大火星是红色的标准星，天狼星是白色的标准星，要知道一颗星算不算红色，那就跟大火比一比，算不算白色呢，就跟天狼星比一比。大火星是明亮的红色，火星也是明亮的红色，全天也没几颗星能像它俩这么显眼，凑在一起视觉效果比较惊悚。另一方面，更重要的是，大火星自古以来就有着非常特殊的地位。上古时候的"三大辰"就是北极、参星和大火，它们仨是星空中最重要的亮星，每一颗都有资格代表天帝的角色。这样一颗象征着天子的亮星，被一向象征着战乱的荧惑逼近，还留在这儿不走了，在古人看来那当然是大事不好。《石氏星经》说这个天象代表"大人易政，主去其宫"，君主本人要倒霉。天文学家计算过，"荧惑守心"这个天象，对"守"的范围限定得松泛一点儿，大概每 40 年出现一次，限定得严格一点儿，大概每 80 年出现一次，严格到几乎相同的位置，那就得大概 284 年才会出现一次了。相对于古人的平均寿命来说，这是一辈子不一定能见到一次的天象。比起现代每年两次，每次好几个月的所谓"水逆"来说，要凶险得多了。

因为荧惑守心是这样的大事，所以史书上的记载不少，有学者统计过，总共记载了 25 次。但是这样的大事，记载却出乎意料的不准确，这 25 次里有 8 次是对的，其余 17 次都有各种错误，另外还有十几次明明发生了，史书上却一个字也没提。

历史上最有名的一次"荧惑守心"，可能要算是《史记》里的记载，说秦始皇三十六年（前 211）荧惑守心，过了没多久始皇帝就死了。《史记》在这里犯了一个小小的错误，天文学家计算发现，那一次的荧惑守心的实际时间，是秦始皇三十七年（前 210），在它发生之后几个月，秦始皇就死在了东巡的路上。这一次的荧惑守心，看来是相当灵验。同样灵验的还有东汉汉灵帝时发生的一次，要说汉灵帝这个皇帝当得确实不怎么样，而天象也相当符合，我们前两节刚讲过在中平二年（185）出现的客星，是目前得到验证的最早的超新星记载，接下来中平三年（186）就来了次荧惑守心，三年后灵帝去世，马上就天下大乱，紧接着就是《三国演义》的开篇了。

说回秦始皇，他死后的故事我们当然都很熟悉，先是陈胜吴广，接下来群雄蜂起，最后楚汉相争，汉高祖刘邦一统天下。公元前 206 年刘邦被项羽封为汉王，他从这一年开始纪年，四年后才登基当上皇帝，所以刘邦虽然只当了八年皇帝，去世的这一年却是汉高祖十二年（前 195）。《汉书·天文志》记载说这一年的春天也发生了一次"荧惑守心"。这就有点儿不对劲了，我们刚才说了，上一次"荧惑守心"是秦始皇死的时候，这才过去了十五年。果然经过计算，在汉高祖十二年的春天，火星压根儿没在心宿，而是在氐宿。当然"荧惑犯氐"也是大凶之兆，有一本也是讲星占条目的古书叫《荆州占》，说这代表"强国之君死亡"，简直太符合刘邦了。大概正是如此，同为凶兆的两个天象就被记混了。

汉代还有一次对不上号的"荧惑守心"逼死了一位丞相。这是西汉汉成帝时候的事，汉成帝刘骜大多数人可能不太熟悉，不过他有好几个有名的老婆。对，刘骜就是赵飞燕、赵合德和班婕妤的夫君，刘骜的父亲是送王昭君出塞的汉元帝刘奭（shì）。汉成帝刘骜不是个好皇帝，王莽就是在他手下上位的，他死了没几年，西汉就被王莽篡位了。史书记载说成帝在位时的绥和二年，也就是公元前 7 年，发生了一次"荧惑守心"。这对天子来说是个非常糟糕的预兆，你看前面有记载的那两次，一次死了个秦始皇，一次死了个汉高祖，虽说后面这次是记错了吧，但是刘骜他不知道啊！怎么办呢？他自己当然是不想死的，虽然汉代特别相信天地阴阳调和的责任都担在皇帝的肩膀上，但一旦出了什么事，皇帝就只负责下个诏书自我检讨，表示一下向天下征求贤良之士、花钱赈灾之类的，真担责任的还是大臣。从西汉晚期开始，汉代的"三公"，也就是丞相、大司马、御史大夫，一发生灾害，不管是天象的异常还是地上的自然灾害，总要有一个出来顶缸，要么被罢免，要么自己辞职。但以往都是日食、地震等，不如这次"荧惑守心"凶险。所以当时就有人上书皇帝，表示应该由大臣来替陛下挡灾！皇帝一看，此计甚好，马上下了一道措辞严厉的诏书，把丞相数落了一顿，你看都怪你做丞相的没把活儿干好，害得上天对我不满意，该怎么样你看着办。当时的丞相姓翟，叫翟方进，自己也是个精通天文的人，而且非常能干，从小吏一直做到丞相，绝对不是一般人。但这也没有办法，皇帝都差不多明说了，亲朋好友也劝他自杀，所以接到诏书当天，就乖乖自杀了。这是中国历史上唯一一位被天象逼死的丞相。

这个故事的结局是，翟丞相虽然死了，皇帝的如意算盘却也落了空，只过了一个月，身体一直很好的刘骜突然暴毙，看起来仍然是验证了"荧惑守心"的预言。只不过，现代天文学家计算火星的运行，却发现在翟方进和刘骜死的这一年，根本没有发生"荧惑守心"，那是两年后的事。那么，好好一个丞相，怎么会被一次根本没发生的天象逼死呢？后世学者提出各种解释。有人认为这是政治斗争中的敌人捏造的天象，用种种舆论逼着翟方进就范；有人说荧惑虽然没有守心，但是守在了太微垣里的东上相这颗星，对应的就是应该死一个丞相，只不过史书整理时，跟两年后真实发生的"荧惑守心"弄混了。

有时候，史书还会故意含糊记录"荧惑守心"的时间。比如明代的明成祖朱棣，我们都知道他是起兵造了侄儿建文帝的反才当上皇帝的。洪武三十一年（1398）明太祖朱元璋去世，第二年朱棣就反了。造反造了差不多两年，一看"荧惑守心"了。朱棣肯定愿意先"荧惑守心"然后自己顺应天象起兵啊，毕竟他后来当了皇帝。后来史书就含混时间，不说清楚，看起来像是天象先于人事。类似的还有南朝梁的梁武帝之死，梁武帝萧衍死得又悲惨又经典，是被软禁在宫殿里饿死的。他死的那天是五月初二，没过几天，五月中旬就发生了"荧惑守心"。于是史书干脆就调整了顺序，先说"荧惑守心"，再说他的死，显得天象非常灵验。

06．人间的宫殿与星象有何关联？

古人在建设都城时遵循"象天法地"的基本法则，从秦朝的咸阳、汉代的长安到隋唐的长安、明清的紫禁城，都与天上的星象有所对应。

最初，"天人感应"的理论是对皇权的一种约束，不过皇帝们很快就找到了办法：让大臣替自己挡灾。当然了，灾祸不能自己挡，但天命必须是由自己来承受的。怎么表现出天命在自己身上呢？之前说了，要表现出自己是宇宙秩序的化身，一方面，是要成为秩序的表率。在行为上必须顺应天时，什么时候该做什么事，不能含糊；在道德伦理上看起来必须是一个道德模范，因为古代中国人的观念里社会秩序是按照宇宙秩序建立起来的，你要当宇宙秩序的化身，就不能违背社会秩序。另一方面，是围绕天子的各种物质存在，都要尽量体现与天的联系。这其中最典型的，就是天子所在的宫殿和都城。"象天法地"是古人建设都城时的基本法则之一。

我们都知道，秦朝是中国历史上第一个大一统王朝。秦朝的都城在咸阳，《三秦记》说因为它在九嵕（zōng）山之南，渭水之北，山南水北为阳，这个地方既是山阳，又是水阳，所以叫"咸阳"。古代城市叫某某阳的很多，因为城市是活人住的，按照古人对阴阳五行和宇宙能量的理解，城市应该坐北朝南，建在属阳的地方；而陵墓则相反，比如说咸阳旁边的秦始皇陵，就选在骊山之阴，而且是坐南朝北修建。咸阳的选址是由大名鼎鼎的商鞅选定的，从秦孝公的时候就作为秦国的都城，一直到秦始皇一统天下，总共当了144年首都，其间不断在发展，特别是在秦始皇的时代，进行了大规模的扩建。秦始皇引领了古代帝王对"天极"的兴趣，以前的商周时代，天子关心的是大地的中心，秦始皇则把注意力放到了天上，他当上皇帝的第二年，就把渭水南边的一座宫殿改名叫作"极庙"，象征天极，直接把自己对应到了天帝的地位。横跨银河的阁道星座把营室和紫微垣连接起来，就好像复道跨过渭水把阿房宫和咸阳宫连接起来一样，古书说咸阳"渭水贯都桥南渡，以法牵牛"。咸阳的正南方正对着子午谷，就是《三国演义》里魏延提出"子午谷奇谋"的那个子午谷，北方则是子午岭，子午岭、咸阳城、子午谷这三点连线正南正北，三者正好是位于地球上的同一条子午线上。这条地球上的子午线对应天球上的哪一条子午线呢?《汉书·律历志》里有一句话说"斗纲之端连贯营室",这是古代中国人心目中天球上最重要的一条子午线。连接北斗勺头的两颗星,延长出去,可以找到北极星,这是我们现在常用的寻找北极星的方法,找到北极星之后,把这条直线继续延长,就是"营室"星座,也就是飞马大四边形东侧的两颗星——室宿一和室宿二。

在秦始皇的时代,每年夏历十月的黄昏时分,从一个站在咸阳的观察者看来,银河没入地平线的位置恰好和渭水的上游远方相融合,渭水仿佛是银河从天上流到了人间。这时候营室星座正好在南方上中天,营室和紫微垣隔着银河南北相对,阿房宫和咸阳宫也隔着渭水南北相对,而在咸阳北边,北斗星刚好挂在子午岭上方。在整个咸阳周围,地面的世界完全复制了当时的星空。十月在当时的历法里是一年的开始,选择这时候的天象映射到地面上,无疑具有特殊的意义。

无独有偶,在遥远的埃及,埃及人也把尼罗河当作银河的映射,而著名的吉萨金字塔群,也就是胡夫大金字塔、卡夫拉金字塔和门卡拉金字塔三座金字塔与尼罗河的相对位置,跟猎户座中间三颗星与银河的相对位置,可以说是一模一样。当然金字塔是陵墓,这样的安排是为了让法老顺利通过银河前往死后的世界,跟中国都城的建设思路并不一样。

秦代的咸阳城毁于战火,汉代的长安城在秦代离宫的基础上建造，位置稍微挪动了一点儿。汉代的长安城有"斗（dǒu）城"的别名，它的北部城墙在西北端蜿蜒曲折，勾勒出北斗七星的形状；而南部城墙的中段和东侧的六颗星的形状也像是一只斗，和北斗七星遥遥相对，所以叫南斗六星。北斗星在星空中的地位我们已经讲过了，至少6000年前，古墓里已经出现了北斗的形象，认为墓主人的魂灵将会上升到北斗七星之间。北斗的斗魁被想象成璇玑，斗杓被想象成玉衡，都是美好的玉器，"璇玑玉衡，以齐七政"，把都城建立成北斗的形状，也有政通人和的象征意味。

　　同时北斗也有杀气腾腾的一面。北斗七星在上古曾经因为岁差的关系更靠近北天极，在地平线上露出来的不是七星而是九星，在河南荥（xíng）阳青台的一个五千多年前的仰韶文化遗址里，就发现了陶罐摆放的北斗九星，而且星点的大小跟亮度相对应。北斗九星有个别名叫"九魁"，"魁"这个字是"鬼"字旁里面一个斤斤计较的斤，"斤"字是"斧"字的原型，北斗星的形状确实不只像一只勺子，也像一把斧子。上古时候斧子的刃是圆形的，叫钺，钺这个东西不太实用，后来变成了仪仗用的武器，玉石做的钺干脆就跟璇玑一样是祭祀用的礼器，这又跟王权关联了起来。"国之大事，在祀与戎"，北斗独个儿就占齐全了。

　　因为"魂归北斗"的想象，又因为北斗有兵器和杀戮的意味，可以镇压邪祟，所以从西汉起，人们相信向北斗星祈祷可以延长寿命。久而久之，北斗又变成了生命的守护神。《三国演义》里诸葛亮在五丈原想要为自己续命，摆的就是"北斗七星灯"。后世也有"北斗注生、南斗注死"的观念，汉代长安城让这两个星座作为城墙，可能也是为了获得上天的庇佑。城里最有名的宫殿当然就是未央宫了，《三秦记》说未央宫又叫紫微宫，宫里有玄武阙、苍龙阙、白虎殿和朱鸟堂，四方全部齐活，加起来就是天下。这回城里是没有渭水穿流而过了，不过我们前面在牛郎织女那一节说过，汉武帝挖了一个昆明池，牛郎织女一边一个，那中间这一池水代表什么，也就不用说了吧。所以汉代长安城是北斗和南斗遥遥相对、中间包围着紫微垣，银河从边上流过的图景，还是与天上的星座相对应的。

不管是秦代的咸阳也好，汉代的长安也好，都没有宫城和皇城之分，皇家的宫殿直接修在都城里面，周围簇拥着各种官署和服务单位，给平民留的空间很少。到了隋唐时期重修长安城的时候，就把宫城和皇城分开了，平民的居住区也扩大了。我们讲三垣的时候也说过，在司马迁写《史记·天官书》的时候，是没有三垣之分的，只有一个中宫天区的紫宫，也就是后来的紫微垣。太微垣是后来从南宫朱雀分出来的，天市垣是从东宫苍龙分出来的。星座系统的发展跟人间世界的发展相对应。

隋唐长安的位置在汉长安东南，隔了二十里，位于龙首原的南麓。皇宫在整个长安城的北面正中，叫"太极宫"，代表着太一和北极，太极宫的北门就是著名的玄武门。宫城向南外面一圈是皇城，对应着围绕在北极周围的紫微垣；皇城向南外面一圈是外城，对应着紫微垣之外的全天星辰。唐代诗人张子容写长安，说"开国维东井，城池起北辰"，长安城就是从北辰，也就是北极，到紫微垣，再到全天星辰这样一环环展开的。在唐玄宗在位的开元年间，曾经短暂地把中书省改名为紫微省，中书令改名为紫微令，中书舍人改名为紫微舍人。虽然没几年就又改了回来，但还是体现了皇城和紫微垣之间的对应。

如果你看过热播剧《长安十二时辰》，可能对长安城好像棋盘一样整齐排列的一百零八坊印象深刻。白居易的诗里也写了"百千家似围棋局，十二街如种菜畦"，整个长安城的地图就像一个棋盘。不过在这个大棋盘的东南角，却恰好缺了一角，少了一个坊，挖出了曲江池，隋代叫芙蓉池。《史记》里说"地不满东南，以海为池"，说我国的大地上河流都向东南方流入海，长安城在这里象征了一个微缩的大地。

隋唐的长安城还有一个特别有意思的地方，它从北到南有六道天然的阶梯，就好像一级级的梯田一样，正好对应着《易经》里的乾卦。乾卦的卦象是六条横线，从下到上对应着苍龙星座在一年中的六个位置，所以神话里太阳神在一年里行走周天，坐的就是六条龙拉的车。前面也说到过，乾卦第一爻是"初九，潜龙勿用"，这一层高地在北边城外，紧挨着城墙。接下来是"九二，见龙在田，利见大人"，这就只有皇宫能放在这个位置了。然后"九三"是"君子终日乾乾"，安排了皇城，里面各种官署，希望人们勤劳谨慎。"九四"的高地是"或跃在渊"，这里是达官贵人们的豪宅所在。再往南是"九五，飞龙在天"，没有普通人有资格住在这里，所以安排了寺院和道观，来"镇住"这一层。唐诗里有名的"乐游原"也在这层高地上。至于最南端最高的一道高地，对应"上九，亢龙有悔"，在这里安排了曲江池和园林区，至今也是人们常去游玩的风景区。

在中国历史上，人间的帝王总是用尽各种办法，来证明自己的天命所归。从秦始皇开始，皇帝们往往把自己居住的皇宫，与天上的紫微垣相对应。秦代的咸阳城是一年之初的时候天上星座的映射；汉代的长安城体现了北斗和南斗环抱着紫微垣的图景；隋唐的长安城按照北极 — 紫微垣 — 全天星辰的样式建造，还体现了易经乾卦的景象。我们前面讲到过，隋唐的东都洛阳，直接把宫城叫紫微城，皇城叫太微城，洛水贯穿城内，洛水上的桥就直接叫天津桥，仍然是星空的映射。至于一直保存到现在的北京故宫——紫禁城，名字也带着一个"紫"字，紫禁城的城外环绕着金水河，这条河有隔离内外、消防储水和排水泄洪的实际功能，但它还有一个风水上的对应功能，代表着从紫微垣门外流过的银河。

07.月相与王朝是否稳定有何关联?

古人根据天体运行规律,可以预先推算出太阳、月亮和其他天体的运行位置,安排好月份和节气,然后推出历书。如果历书有误,月相不准,古人认为出现这种情况代表君主待臣子要么过于宽大,要么过于严苛,总之不是个好皇帝。

上古时人们是"观象授时",看到了天象才能知道时间,还不能预先推算,没有历书这回事。到了后来,人们渐渐掌握了天体运行的规律,可以预先推算出太阳、月亮和其他天体的运行位置,安排好月份和节气,这才有了历书。颁行历书是君王的特权,所以以前又把历书叫作"黄历",其实这个"黄"原本是皇帝的"皇",不是黄色的"黄"。历书应该是中国古代最畅销的书,特别是从北宋起,使用雕版印刷来制作,产量上来了,销量就随之继续上升。而且这书是政府专卖，盗版会掉脑袋，所以它是古代唯一一本绝不可能有盗版的书。有学者考证过，在元文宗天历元年这一年，全国卖了三百多万本皇历，政府光是卖历书的收入，就占了全国财政收入的 0.5%。

当然了，编制历法固然可以赚钱，但更重要的是展现自己的正统合法性。古代形容一个王朝的正统性，用的是"正朔"这个词，"正朔相承"，天命就从一个朝代转移到另一个朝代。这里"正"是正月初一的正，"朔"就是朔望月的朔。古代的月份都是阴历月，朔日就是每个月的第一天，也就是太阳只照亮月球背面，从地球上完全看不见月亮的那一天。"正"是一年的开始，"朔"是一个月的开始，"正朔"这个词的本义，就是改朝换代之后，新王朝颁行的新历法。意思是天命既然已经不在上一个朝代，那么他的历法就不管用了，得由我这个承接天命的新天子来改颁新的历法。

要知道，历法客观上描述的是天体的运行，人类在发明原子钟之前，都是靠天体的运动来定义时间单位的，地球自转一周是一天，绕着太阳公转一圈是一年，月相变化一个周期是一个朔望月，这些都不会因为人世间的改朝换代而改变。那么历朝历代为什么总是需要修改历法呢？一是意识形态的原因，主观上需要表现出和上一个朝代的区别；二是因为历法的编制水平，或者说就是天文学水平在历史上一直在进步；三是因为任何一部历法都会由于各种原因存在误差，短时间内看不出来，日积月累就会出现毛病。假如一部历法老是不准，经常出现谁都能发现的错误，那人们就会怀疑你这个王朝的天命是不是出问题了。所以不但一个王朝换到另一个王朝的时候会改颁新的历法，同一个王朝也会时不时地改颁一部新的历法。当然，如果历法改革的步子迈得太大，也会发生危险。比如清朝建立后，按规矩颁布了新的历法，也就是鼎鼎大名的《时宪历》，这部历法可以说是中国古代水平最高的一部历法了。可是光是水平高没有用，它采用的是传教士带来的西方天文学方法，就因为这一点就受到猛烈攻击，让好几个钦天监官员掉了脑袋，这就是有名的"康熙历狱"。我们前面说，天文学家是个高危职业，这也是一个典型的例子。

一部历法有误差，最容易被看出来的就是月相不准。不是说"十五的月亮十六圆"这种，这种没事，古人很早就知道一个朔望月的周期是二十九天半，一年里也早就有大小月之分，满月碰上十六这种事很正常，主要看的是一个月的开头准不准。一个月的开头，最早是刚能看见月牙儿那一天为准，叫作"朏"（fěi），现在用来指代农历初三这一天。这时候的月牙儿，也就是文学上说的"一弯新月"，现在的伊斯兰历法也还是以这样的新月来作为一个月的开端。顺便一提，我们在写文章的时候千万不要写"一弯新月升起来了"这样的句子，一弯新月升起来的时间是在日出后，根本不可能看得见，我们傍晚看到一弯新月的时候，就是它紧追着太阳快要落下去的时候。同样是月牙儿，残月升起来的时候我们倒是可能看见，但是时间上也很不凑巧，是日出前一两个小时，在上半夜是不可能出现的。

说回历法的话题，从西周后期开始，人们已经能够推算月相的变化了，就用前面说的朔日，也就是真正天文学上的新月，作为一个月的开头。朔日是看不到月亮的，如果历法不准，就会在不该看到月亮的日子看见月亮，古代有专门的两个字指代这种情况，叫"朒朓（tiǎo nǜ）"，"朓"代表日落时出现在西边的一点点月亮，"朒"代表日出时出现在东边的一点点月亮，它们都是本来不应该出现而偏偏出现的。古人认为这是日月行动失据造成的后果，代表君主待臣子要么过于宽大，要么过于严苛，总之不是个好皇帝。而且月相不准是很明显的，全国都看得见，影响很坏。这种事如果连续发生，那就说明现行的历法不能用了，必须赶紧更换新历。

另外，古人很早就知道日食只会发生在朔日，比如《诗经》就说"十月之交，朔月辛卯，日有食之"，后世天文学家推算这应该是周幽王时期发生的日食，至少是从这时候起，日食和朔日之间的联系就已经很清楚了。那么如果一次日食没有发生在朔日，当然就是一个非常明显的毛病。比如西汉时候的刘歆编制了《三统历》，他拿自己的历法反过去推算春秋时期的日食记载，算出来总共37次日食记录里，有18次发生在初二，1次发生在朔日前一天，也就是上个月的最后一天，古代有个专门的词来指代每个阴历月的最后一天，叫"晦日"。班固在写《汉书》的时候检查汉朝的日食，也发现有36次记录发生在晦日。但是他们并没意识到是历法误差的问题，反而用来作为当时政治混乱的证据。班固就说："你看，春秋的时候，君主们的缺点一般都是不管事，放纵臣下，所以月亮走得慢，初二发生的日食多；汉代皇帝们管太多，对臣下逼得太紧，所以月亮走太快，有偏差的日食全都在晦日，初二发生的一次都没有！天象的反映真是太对啦！"

我们现在当然知道，朔日的日期准不准，跟皇帝的统治水平没啥关系，跟天文学家的计算水平关系很大。早期计算月相的时候，是假设太阳和月亮在星空中匀速运动，这不符合真实情况，所以算出来的朔日，也就是太阳和月亮重合的时刻总是有误差。后来，从唐代起，官方的历书考虑到了运行速度的变化情况，朔日就总能固定在每月初一了。这跟我们以前说到过的二十四节气的情况有点儿类似，通过对天体运行规律的了解，计算也就越来越精确了。

08．星空与地理有何关联？

古人为了解释异常天象，将星空中的天区安排上对应的地上的地区，一种是按二十八宿来划分，还有一种是按十二次来划分，两种分法区别不大，都是把古代的天文学和地理学联系了起来，体现出古人对山川地理的认识。

中国人传统上认为的"天"，其实泛指除人间社会之外的一切，不过当然是以天空为核心。所谓的"天人合一"，说的是天空中的一切都与人间社会息息相关，社会秩序是宇宙秩序的投影，人间的帝王是天意的化身，像星空中独一无二的北极一样，在人间拥有至高无上的地位。为了稳固这样的人设，皇帝们使出种种手段，把自己跟天联系起来。包括把自己的都城照着天上星座的构图来修建，改朝换代一定要颁行新的历法，编出各种让自己跟星空有关系的故事，甚至出现了糟糕的天象也必须抢着出来认领责任，因为就算是被天意责备，那也必须只有自己才能接收到。中国历史上并不是一直统一的，有几个长期分裂的时代。统一时的天子只有一个，认领起来还好办；各自割据自称皇帝的时候就很麻烦。我们前面讲"荧惑守心"的时候讲到南朝的梁武帝萧衍，当时南北对峙，两边都自称皇帝。那么到底星空中的天象是在对谁高空喊话，这就有得一争了。《资治通鉴》里记载说有一年"荧惑入南斗，去而复还"，火星在南斗（斗宿星座）先顺行再逆行，待了很久。当时有俗话说"荧惑入南斗，天子下殿走"，萧衍一看，觉得这是给我的指示啊！赶紧光着脚跑下殿去，举行祭祀仪式，不用说，肯定还招呼了一大堆人看着。结果没过多久传来消息，北魏皇帝元修从权臣高欢的控制下逃走，离开首都洛阳，去长安投奔了另一个权臣宇文泰。我们在历史课本上应该也读到过，北魏后来分成了西魏和东魏，这件事就是分裂的开始。所以人家这个是动真格的，看起来明显比萧衍更呼应天象，把他尴尬得哟，只好说："哟，北方那位也应了天象吗？"所以说，天象是可以有对应的解释，但这个解释落到谁头上，在发生之前，还真说不好。

不光是针对皇帝的那些天象，其他异常现象也是一样。比如出现了一个异常天象，天文官给出解释，可能是有叛乱、水灾、旱灾、粮食歉收之类，反正一般坏事比好事多，但是这些事将会发生在哪儿呢？得有一个一揽子的解释。所以古代的天文官在给每一种具体天象安排对应人事的同时，还要给星空中的每一个天区安排上对应的地区，这就是星空的"分野"。星空分野的说法有很多，其中最主要的分法有两种。一是照二十八宿来划分，给二十八宿各自对应上人间的地盘；另一种是按照岁星在黄道上经过的十二次来划分，同样也是给每一次各自对应上人间的一片地区。当然二十八宿和十二次彼此之间也是可以对应起来的，所以两种分法区别不大，都是把古代的天文学和地理学联系了起来，体现出古人对山川地理的认识。

　　不管是哪一种星空分野理论，都是起源于战国，然后在汉代大体形成的。最早的时候，二十八宿或者十二次对应的是战国时候的"十三国"，也就是战国七雄——秦、楚、齐、燕、赵、魏、韩，再加上周、宋、鲁、卫、吴、越六个国家。这十三个国家加起来，差不多就是东周列国的范围。后来汉代把全国划分成十二个州，于是天和地之间的对应又从战国的十三国改成了西汉的十二州。随着历朝历代的疆域和行政区划的变化，星空对应的分野也在不断地调整。历史上不管哪一个时期的星空分野理论，一定都只是对应着当时对天下疆域的了解，不可能覆盖后世的领土范围。到了明清时期，人们对世界上的地理形势开始有了比较清楚的认识，发现天下那么大，星宿不够分，于是星空分野学说也就慢慢退出了历史舞台。

　　大致说来，战国七雄里秦国的地盘，也就是现在的陕西、甘肃和四川的大部分地区，对应的是南宫七宿里的井宿和鬼宿。我们前面讲隋唐长安城的时候说到一句诗，"开国维东井，城池起北辰"，第二句我们当时讲过了，是说长安城从宫城到皇城再到外郭的规划就像是从北极星到紫微垣再到全天星辰一样，第一句呢，其实说的就是长安这个地方，对应的是天上的"东井"，也就是井宿星座的别名。后来西汉划分出十二州，井宿和鬼宿对应的是雍州。战国时楚国的地盘，包括现在的湖南省大部分，还有旁边的湖北、安徽、广东、江西乃至贵州的一部分，对应的是南宫七宿里的翼宿和轸宿，后来这两个星宿对应汉代的荆州。《滕王阁序》里有一句，说南昌这个地方"星分翼轸"，就是指它的地理位置对应翼宿和轸宿的分野。齐国大概在现在的胶东半岛，对应北宫七宿里的女宿、虚宿和危宿，后来这三宿又对应汉代的青州。燕国大概在河北北部和辽宁西部，当然还包括北京，对应东宫七宿里的尾宿和箕宿，后来这两宿对应幽州。赵国的范围在现在的山西和河北一带，对应西宫七宿里的昴宿和毕宿，后来这两宿对应冀州。

　　有点儿特殊的是韩国和魏国。韩国在战国时位于中原的核心地带，山西、河北、河南、安徽都沾一点儿边，它对应二十八宿开头的角宿、亢宿和氐宿，不过后来这三宿对应到了东边的兖州。魏国势力范围是在现在的山西和河南一带，对应西方七宿里的觜宿和参宿，但这两个星宿后来的分野却对应到了益州，也就是现在四川、重庆，包括陕西汉中，还有一部分的云南和贵州的范围。所以我们现在就能够理解李白在《蜀道难》里说的那句"扪参历井仰胁息"了，参对应的是益州，井对应的是雍州，"蜀道"正是连接这两个地方的道路。不了解一点儿星空分野的知识，就很难了解这些诗句里的典故了。十二州里剩下的几个州，豫州对应房宿和心宿，扬州对应牛宿和女宿，并（bīng）州对应室宿和壁宿，徐州对应奎宿、娄宿和胃宿，最后还有三河地区，也就是河南、河东和河内，对应柳宿、星宿和张宿。

除了以二十八宿对应地理疆域，还有一种把二十八宿跟《尚书》里记载的天下山川相对应的方式。角宿对应千山，在现在的陕西；亢宿对应岐山；氐宿对应荆山，国内现在有好几座荆山，这里指的是陕西富平的那一座；房宿对应黄河的壶口；心宿对应现在山西的雷首山；尾宿对应山西的太岳山；箕宿对应黄河里的"砥柱"，在河南的三门峡，这座山在河流中经受激流冲刷，"中流砥柱"这个词就是从这儿来的；接下来斗宿对应山西晋城的析城山；牛宿对应王屋山，女宿对应太行山，就是《愚公移山》故事里的两座山；虚宿对应北岳恒山；危宿对应碣石山，也就是曹操"东临碣石，以观沧海"的碣石；室宿对应秦岭西端的西倾山；顺着秦岭向东，壁宿对应甘肃天水的朱圉（yǔ）山；奎宿对应甘肃渭源的鸟鼠山，就是《山海经》里说的"鸟鼠同穴之山"；娄宿对应西岳华山；胃宿对应河南的熊耳山；昴宿对应中岳嵩山；毕宿对应河南与湖北交界的桐柏山；觜宿对应陪尾山，有人说陪尾山是在湖北安陆，有人说是在山东泗水；参宿对应的嶓（bō）冢山是古代汉水的源头；井宿对应另一座荆山，在湖北西部，历史上有名的和氏璧就是这里出产的；鬼宿对应"内方山"，推测是湖北钟祥的马良山；柳宿对应大别山；星宿对应岷山；张宿对应南岳衡山；翼宿对应九江；最后轸宿对应的"敷浅原"在什么地方，不同学者的说法不一，没有定论。

看一看，你的家乡与哪一个星宿相对应？

09.古代普通百姓如何判断吉凶？

古人用天干地支来表示年月日，并且根据出生时的生辰八字来算命，在秦代就有了将日子和吉凶联系起来指导普通人生活的书，人们还将值日神煞与地支绑定来确定吉凶。

天文官能从天象中读出天子、大臣的命运，读出某一个地区可能会发生什么灾祸或者祥瑞，但对人间的某一个普通老百姓来说，天象是不会对他的命运给出任何信息的。但是老百姓在生活中也需要一些吉凶的指示，特别是在古代，生活中有太多的不确定，很多事没有把握，想要心里有个底。怎么办呢？就流行起各种占卜的书，把日常生活中各个方面的吉凶，跟日子联系起来。

普通老百姓判断吉凶的方式，跟天象就没有关系了，主要是根据日期的天干和地支。我们看农历的年、月、日，都有一个干支的编号，比如新中国成立70周年国庆这一天，是己亥年癸酉月辛未日，其实一天里的每一个时辰也有一个干支的编号，那么年、月、日、时加起来一共是四个干支，八个字，这就是我们有时会听说的"八字"。每个人出生时的年、月、日、时对应自己的"生辰八字"，中国人拿它来算命，这跟西方用出生时刻的星座位置来判断一个人的命运有些异曲同工，都是以出生的时刻来决定人的一生，只不过中国人算命跟天象无关，只看日历上干支的排列组合。

除了"生辰八字"能用来算命，日子本身也有吉凶的区别。这主要是跟日子的干支有关。其实天干和地支相结合，最早就是用来纪日的，从甲骨文的记载来看，大概从夏代开始就已经使用天干了，商代就已经把天干和地支结合起来了，干支纪年跟木星，也就是岁星每年的位置有关，干支纪月跟北斗每个月的指向有关，干支计时跟太阳在一天里各个时辰的不同方位有关，只有干支纪日，是一个纯粹的循环排列，跟天象没有关系。说句题外话，中国在干支纪日这件事上还有一个非常厉害的世界纪录，最晚从《春秋》里的"鲁隐公三年春王二月己巳日有食之"，也就是公元前720年2月22日那次日全食起，至今两千七百多年，一百多万天没有错乱、遗漏和中断，这是现在世界上持续时间最长的纪日法。也正是因为在这两千七百多年间每一天都有自己的编号，历史学家才能准确地为史料记载的事件找到发生的时间，这是中国史书的独到之处。

　　说回日子的干支。我们都知道，天干是甲、乙、丙、丁、戊、己、庚、辛、壬、癸，周代把这十个天干分为刚柔两部分，奇数的甲、丙、戊、庚、壬是刚，偶数的乙、丁、己、辛、癸是柔。《礼记》说"外事用刚日，内事用柔日"，不过《礼记》还是对君主说的话，外事主要是用兵，内事主要是祭祀，还是"国之大事，在祀与戎"的原则。从甲骨文里看，天干是丁的日子是最好的，丁亥日特别好；另外，天干是戊的日子也不错，《诗经》里有说"吉日维戊"。不过甲骨文都是具体某件事的占卜结果，那时候还没有一个普遍性的吉凶规则。最晚到了秦代，就有了把日子和吉凶直接联系起来指导普通人生活的书，也就是我们前面提到过的《日书》。我们前面讲"牛郎织女故事"的时候就说过，《日书》不建议人们在牛郎织女相会的日子成亲，原文是这么说的："丁丑、己丑娶妻，不吉。戊申、己酉，牵牛以取织女，不果，三弃。"都是只看日子的干支，就能用来判断吉凶了。当时好像比较朴素，什么日子曾经发生了特别不好的事情，那就不太吉利。上古认为地支里的子日和卯日不太好，据说也是因为这是夏桀和商纣被诛杀的日子。写着《日书》的竹简都是在基层小吏或者普通人墓里发现的，说明这些东西就是给普通老百姓用的。

　　到了汉代，占卜的这些指导书越来越专门。婚丧嫁娶、修房子、出远门、做生意，各种事情都有个选择吉日的问题，都有专门的小册子。一方面，这些吉日都跟历书上的干支绑定；另一方面，当时的书籍流传全靠手抄，要备齐所有这些吉凶手册实在困难。所以后来历书就把这些吉凶全都整合到一起，每天不光写明日子、节气、月相，还有各种适宜做和不适宜做的事，满满一大篇。有时这些吉凶还彼此互相矛盾，因为是通过不同的算法得来的，结果自然不相同。前面说占卜吉凶的书叫《日书》，给人算命的人呢，就叫"日者"。《史记·日者列传》里记录了这么一个故事，汉武帝有一次把各个流派的日者，也就是算命先生叫到一起开会，说某日适合娶老婆吗，你们给算算。结果各个流派的人差点儿当场打起来，搞五行的人说可以啊，搞堪舆的人说不行，搞建除的人说这不吉利啊，搞丛辰的人说大凶啊。后面也有说小凶的，也有说小吉的，当然也还有说大吉的。争来吵去没个结论，最后还是皇帝下决断说：那就以五行派说的为主吧！至于到底是因为五行派势力大，还是因为五行派说了这事可以，那就没人知道了。

　　汉代的这些日者流派，后来大多消失了。现在我们俗话说的"黄道吉日"，主要有两种。一种是看每天的"值日神煞"，说有十二位神煞轮流值日，周而复始，其中六位是吉的，六位是凶的，遇到吉神值日那就是吉日，反过来就是凶日。每位值日神煞其实跟一个地支绑定，所以名字不用背，看地支就行。子、丑、辰、巳、未、戌这几天是吉日，寅、卯、午、申、酉、亥这几天是凶日。另一种是看每天的"建除十二神"，这十二神依次是建、除、满、平、定、执、破、危、成、收、开、闭，各自对应一些适宜和不适宜的事，也是轮流值日。这跟前面的值日神煞有什么不同呢？建除十二神的轮流值日，每遇到一个月的"节气"，也就是二十四气里落在上半月的那一个，就连值两天。这样就不会跟地支绑定，而是轮换了起来。这里面，除、定、执、危、成、开是吉日，建、满、平、破、收、闭就是凶日。我们前面说到过特别迷信的王莽，他在登基的时候就特别选了一个戊辰日，同时还是一个定日，可以说是上上大吉，不过这就跟他随身携带的威斗和最后时刻还推算的北斗方位一样，并没有什么用。当然黄历上附注的信息远远不止这两样，还有各种宜忌事项、方位、几龙治水等，都是从历书上的年月日干支结合推算出来的。可以说，都是跟天象没什么关系的数字游戏，一弄清算法，就没什么神秘感了。

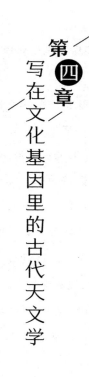

第四章

写在文化基因里的古代天文学

"乖张"这个词与古代天文学有何关联？

平时我们形容一个人古怪不合群，会用一个词叫"乖张"。这个词追溯到源头，竟然也跟天文有关系。这里的"张"是二十八宿里张宿的张，二十八宿每天轮流值日，古人认为当尾数是五的日子遇到角宿，或者尾数是六的日子遇到张宿，"五角六张"，这种日子就会诸事不顺，就跟我们现在说的"水逆"差不多。后来"五角六张"这个词简略成"乖角"或者"乖张"，又从诸事不顺演变成了不合群的意思。

01.与天文学相关的汉字有哪些？

古代用很多"日"字旁的字来描述太阳的不同位置，还用很多"月"字旁的字来描述各种月相，此外"示"字与天意有关，"参""星""晨"都与参星有关。"龙""五""九"三个字都与苍龙星座有关。

上古的时候，利用天象来判断时节、解读吉凶的知识掌握在少数人手里，部族首领往往就是最优秀的巫师和天文学家。天文学从诞生开始，就与帝王相伴，上古许多神话背后也有着天文学家的影子。中国人最先认识的星座，无疑是苍龙、白虎和北斗，它们向人间指示农时，同时也成为不同部族膜拜的对象。除了指示时间，星空还被看作一本传达天意的神秘图卷，为了解读这本图卷，人们把人间的人、事、物与天上的星座一一对应，从而打造了一个天人合一的星空帝国，再把这个帝国中不同星座发生的没有被预测到的现象，对应到具体的地区和事件上去。中国的天文学家忠实地记录下了他们观测到的各种天象，让史书中的天象记载成了珍贵的观测资料。比如，长期、连续的日食记载可以帮助现代人反推上古的一些关键时间节点，还可以帮助现代的天文学家计算地球自转速度的变化。其实不只是如此，天文学还深深影响了我们至今仍在使用的汉字，其中一些字与天文的关系一看就知道，另一些呢，大概在我讲到它的时候，你会觉得有那么一点儿意外。

一个时期的常用字可以反映当时人们的生活状态。比如在古代的典籍里，有很多"马"字旁的字，我们现在随便翻开一本字典还可以看到。但现在除非是专业搞古文字学的，不然已经很少人能认识了。因为古代的人们非常熟悉马，马在他们的生活中是非常重要的一部分，所以古人造了许多"马"字旁的字，来指代各种各样不同的马和跟马有关的各种东西，这就跟因纽特语里面有特别多指代不同种类的雪的单词，而我们只用一个"雪"字一样。对我们现代人来说，很多人一辈子都没摸过马，分不清这匹马和那匹马有什么区别，这些字当然就用不上了。同样的道理，也可以用在太阳身上。我们在本书一开始，就讲了不少人们通过太阳的移动来判断时间的事情，古人同样也造了许多"日"字旁的字，来描述太阳的各种不同的位置。仅是一个日出的过程，就有起码七个不同的字，比如"日"字旁右边一个请勿大声喧哗的勿——"昒"，这个字念 hū，天还黑着，是黎明前的黑暗，接下来是昧着良心的"昧"，古代专门有一个描述时间的词叫"昧爽"，这就是天快亮了，有点儿鱼肚白的拂晓时分。武王伐纣的时候与各家诸侯在牧野盟誓出兵，就是在昧爽时分。接下来有"日"字旁右边一个记者的"者"——"睹"，这个字念 shǔ，跟曙光的"曙"是同一个字，天开始亮起来。然后是"日"字旁右边一个斤两的"斤"字——"昕"，念xīn，意思是太阳在地平线上马上要出来了。接下来"日"字旁右边一个儿童的"童"字——"曈"，念tóng，还有一个，"日"字旁右边一个龙腾虎跃的"龙"字——"昽"，念 lóng，曈昽，这是太阳露出一线的意思。最后这个字不是"日"字旁了，"朝"字把右边的"月"字旁换成一个"人"字——"倝"，念 gàn，太阳升腾而出，光芒闪耀。我们用了七个不同的字，才从黎明来到了日出。到了日出之后，那更加不得了，我们可以翻一翻字典，看看"日"字旁的字里面，有多少不认识或者很少用的就行了。

太阳出来之后，天文学家就可以"立木为表"，通过表的影子来观察时间了。实际上白昼的"昼"字，甲骨文有一种写法即上面是一只拿着杆子的手，下面是一个表示太阳的"日"字 ，表现的就是人们"立竿见影"，竖起杆子观察阳光下的影子，由此来判断白天里的时刻。这根拿着杆子的手，见证着天体的移动和时间的流逝，这是最稳定、最无可动摇的变化，所以后来规律、音律、法律的"律"字里面也有这个部首，有这只天文学家的手。

　　我们前面说过，"立木为表"不但可以判断时间，而且可以判断方位。传说中，周公就通过测量太阳的影子，找到了大地的正中心。甲骨文的"中"字像是一根竖着的旗杆，旗杆顶端有飘带，下面有影子。到了后来，字形逐渐简化，飘带和影子都删掉，就剩下我们现在看到的这个"中"字了。之前说到过上古时候的宇宙观，君王位于天地的中央，而君王自己又是最优秀的巫师，有能力直接与天沟通。所以甲骨文的"巫"字以一个"十"字为主体，"十"字的四个末端加一笔短横代表四方，这就是巫，要是再加上斜着交叉的两笔，就成了帝王的"帝"。

　　说过了日，就还得说说月。跟描述太阳位置的各种字一样，古人也有不少字专门用来描述各种月相。比如我们在月相这一节里说到的，"月"字旁右边一个"肉"字的"朒"和右边一个"兆"字的"朓"，还有"月"字旁右边一个"出"字的"朏"，分别是形容朔日前后月亮出现在东方和西方，还有农历初三时月牙形状的月亮。古人把一个月跟月相变换绑定，最大的问题是经常需要插入闰月。最早闰月插在年尾最后一个月，后来是把没有中气的那个月作为闰月，这些我们前面都说到过。闰月这个"闰"字是门里面一个"王"，这是为什么呢？古时候每到朔日，天子和诸侯是要祭拜的，这叫"告朔"。正常的月份，告朔仪式在明堂里进行，遇到闰月，告朔仪式就不在明堂里，而是在正殿大门中间，所谓"天子居门中"。也有说法说周礼规定了天子每个月住不同的方位，到了闰月没地方去了，就得待在门口。"闰"字是一个会意字，指的就是闰月的时候发生的事。

古人观察天象，说"天垂象，见吉凶"，"天垂象"是个什么字呢？上面两横，代表上天，下面垂下来一竖，这是甲骨文的"示"字𝝿。汉字里面，跟神圣、祭祀之类含义有关的字，很多都是"示"字旁。为什么呢？"天垂象"，跟天意有关嘛。苍龙的"龙"字，甲骨文有一种写法跟苍龙星座的连线几乎完全重合，白虎星座的主体是参宿，"参"字甲骨文就是一个人抬头仰望着参宿三星的模样。其实恒星的"星"字和早晨的"晨"字，上面曾经也有三颗星，只不过"参"字头顶的三颗星后来变成了三角形，而"星""晨"的三颗星变成了一颗。后来参宿的这个"参"字下面三撇改成了三横，就是大写的"三"字，没毛病，它的本意就是三星嘛。

说到"三"字，我们前面还讲到了另一个数字"五"，它最初有一种写法，就是一把叉，跟星空中五帝座和五帝内座这两星座的连线一样，后来才在上下各加上了一横，变成了我们比较熟悉的模样 ✕ 。其实还有一种比较牵强的说法，认为数字"九"这个蜿蜒曲折的模样，跟苍龙星座的形状有点儿关系。我们之前讲苍龙星座的时候也说到过易经的乾卦，从初九到上九，"九"这个数字跟苍龙星座是很有缘分的。

02.与天文学相关的词汇有哪些？

　　我们常用的"气候""不费吹灰之力""乖张""三平二满""招摇过市""珠联璧合""钩心斗角""运气""泰斗""奉为圭臬"等词语都与天文学有关联。

　　除了单个的字，还有不少我们平常使用的词汇，琢磨一下源头，也是跟天文学有关的。比如说"形象"，《易经》说"在天成象，在地成形"，所以把形和象加起来，就可以表示世间万物的姿态。又比如说"气候"，这个词现在指的是一个地方的长期天气规律，但最早的时候，"气"指的是一年里的二十四气，而"候"指的则是一年里的七十二候。一年里半个月一气，五天一候，在四季分明的中原地区，每一气、候都有明显的变化，天气和动植物呈现出不同的状态。于是慢慢地，气候这个词就变成了现在的含义了。

说到"气候"，古代还有一个词叫"候气"，现在已经不用了。这个词是什么意思呢？中国古代认为天、地、人都要遵循统一的宇宙规律，天地之气的运行是同步的，当太阳运行来到二十四气中的某一个点，大地都要予以相应的反应，从大地发出声响。于是人们就把十二根长短不同的管子埋在地里，管子里填上灰，这个灰还不能是一般的灰，是"葭莩（jiā fú）灰"，《诗经》说"蒹葭苍苍"，蒹葭就是芦苇，葭莩灰就是芦苇管子里那层薄膜烧成的灰。古人相信节气时间一到，大地吹气出声，就会把相应的那根管子里的灰吹起来。这当然只是基于古代宇宙观的一种推想，实际上并不会发生这样的事情，不过因为这一套逻辑，把音律和天文联系了起来，所以我们看史书里经常把音律和历法写到同一个"志"里，从《汉书》开始就有"律历志"。说句题外话，音乐和天文之间的联系不光中国古代有，古希腊的毕达哥拉斯也有同样的观点。"气至者灰动"，"吹灰"这个词也有了节气变换的意思。当然"不费吹灰之力"的吹灰，就真的只是一个人吹了一下灰，跟天地之气没有关系。

平时我们形容一个人古怪不合群，会用一个词叫"乖张"。这个词追溯到源头，竟然也跟天文有关系。这里的"张"是二十八宿里张宿的张，二十八宿每天轮流值日，古人认为当尾数是五的日子遇到角宿，或者尾数是六的日子遇到张宿，"五角六张"，这种日子就会诸事不顺，就跟我们现在说的"水逆"差不多。后来"五角六张"这个词简略成"乖角"或者"乖张"，又从诸事不顺演变成了不合群的意思。

跟五角六张类似而相反，还有一个词叫"三平二满"。"平"和"满"这两个字我们之前见过，就是建除十二神"建除平满定执破危成收开闭"中的，平和满对应的原本不是吉日，但是，如果尾数是三的日子遇到平，或者尾数是二的日子遇到满，就变成了好日子。所以"三平二满"就用来形容诸事顺遂，日子过得好。

之前我们讲到一个成语"招摇过市"，说招摇原本代表着古代军队的中军旗帜，上面画着北斗七星，所谓"左青龙而右白虎，前朱雀而后玄武，招摇在上"，那么打着旗帜大摇大摆走过，这就是"招摇过市"的本意。其实还有一个成语，乍一看很难看出它其实指的是天象，那就是"珠联璧合"。这个词现在用来形容两个人相得益彰，特别般配，比如去喝喜酒，就恭维人家小夫妻"珠联璧合"，但实际上呢，"珠"在这里原本指的是五星连珠的"珠"，"璧"呢，指的是日月合璧的"璧"，加起来就是五星连珠和日月合璧这两种天象。其实说的是什么呢？我们之前也提到过，古人算历法，要找一个日月五星都在同一个位置的冬至，作为一切的起算点，《易传》里说"日月五星起于牵牛"，有的古书甚至说在开天辟地的那一刻，日月五星都在牛宿，随后才开始正常运转。这个起算点的状态，就是"珠联璧合"，五星连珠，日月合璧，全都凑一块儿了。所以后来用它来形容一种什么都恰好的状态，从字面一看也很漂亮，就成了一个非常吉利的好词。

相比起来，另一个成语"钩心斗角"听起来就没那么吉利。这个词是杜牧在《阿房宫赋》中写出来的，说无数宫殿"各抱地势，钩心斗角"。这里的"心"和"角"常常被解释为宫殿的中心和屋檐的檐角，说这些宫殿安排得错落有致，精致繁复。但修阿房宫的是谁？秦始皇啊！我们前面说过，他的咸阳城根本就是天空星座布局的直接投射，"象天法地"这个原则被他发挥到了极致，他的阿房宫又怎么会不模仿天象呢？所以也有一种说法，认为这里的心是心宿，角是角宿，各个宫殿之间用复道连起来，依山傍水，错落有致，让整个阿房宫看起来像天上的苍龙星座。当然阿房宫已经什么都没剩下了，这些说法都不可能有印证，不过秦人自认是商人的后裔，商人崇拜的就是大火星和苍龙星座，假如秦始皇真这么干了，那也不奇怪。

中国古代的天文学一直是古代社会文化的一部分，有更多的与天文相关的词语已经进入了我们的日常用语中。比如说"运气"，这本来是"五运六气"的简称，五运六气这个概念现在只有中医还在使用，说的是宇宙能量的五行流转和自然界的"气"随着时间的变化，把一年分为六段，恰好也是上古用苍龙星座纪年，"时乘六龙以御天"的遗迹。中医秉承的还是"天人合一"的逻辑，跟前面我们刚提到的"候气"是基于同样的思路，天时到了，那么大地也好，人体也罢，都要保持同步的变化。另外还有"泰斗"，这个词形容德高望重、成就卓著的人，它其实是"泰山北斗"的简称，这两样东西都是高高在上，令人仰视，随后就引申为尊敬了。又比如说形容把什么事情当作原则和法度，叫"奉为圭臬"，这里的"圭"就是圭表的"圭"，而"臬"是指"水臬"，古代测定水平面的工具，古人竖起一根表之前，要先找到一块水平的平面，再把表竖起来。至于"八尺之表"的这个"表"字，作为计时的工具，更是一直以来始终陪伴着我们，没有人能够彻底摆脱它。

当然，作为一个现代人，这些词语中含有的天文学意义已经离我们远去，只留下了我们现在还在使用的这些含义。但是，正如我们在聊到星空分野时所说，相关的天文学知识对古人来说是常用的典故，在他们的文章诗词里经常用到，假如我们完全不了解其间的含义，就无法与古人顺畅对话。

03．与天文学相关的诗文和成语有哪些？

　　我们日常所用的成语和古诗文中的经典词句很多也与天文学有关。如杜甫的"人生不相见，动如参与商"指的是参星和商星不会同时出现在天空中；比如"箕风毕雨"是指满月出现在箕宿的时候正是冬季北风呼啸的时候，满月出现在毕宿正是夏天雨水最多的时候。

　　真正通晓天文的人在哪个时代都是少数，但一些关于天文的常识已经变成了常用的词句和成语，经常出现在文学作品里，逐渐形成了典故，流传了几千年。这其中最典型的例子，就是参星和商星。

　　参星就是参宿，最早是白虎腰间一字排开的三颗星，后来把上下各两颗星也包括进来，整个参宿星座一共是七颗星。民间说"三星高照，新年来到"，参星是冬天晚上出现的星星。商星是商人尊奉的一颗亮星，也就是大火星。最早时候大火星在黄昏出现在地平线，差不多是春分时候，人们用烧荒来响应这颗红色亮星的升起，开始一年的耕作。商星有时候也被叫作"辰星"，跟水星的古名一样，不过意思不同，时代也要早得多。郭沫若考证说"辰"字的甲骨文是一把正在耕作的农具，那恰好也就是大火星升起时人们要做的事。后来因为岁差积累，大火星出现的时间慢慢变晚，"火"代表秋天即将来到，所以它是夏天晚上出现的星星。《左传》里讲上古高辛氏的两个儿子互相争斗，做老爸的不得不把他们俩一东一西分开来，哥哥阏伯去东边观测大火星，后来成为商人的祖先，弟弟实沈去西边观测参星，后来成为夏人的祖先。参星和商星永远不会同时出现在天空中，总是一个升起的同时另一个落下去，所以"参商"这个词有彼此隔绝、不能相见的含义，也有彼此对立，不能和平共处的含义。杜甫写"人生不相见，动如参与商"，是前一个意思；《左传》里两兄弟的故事，是后一个意思。当然商人和夏人是两个不同的部族，他们的祖先不可能是两兄弟，所以故事也就只是故事而已。

参和商一东一西，斗和牛却紧紧挨着。前面我们讲北宫玄武七宿的时候就说过，"气冲牛斗"的斗不是北斗，而是斗宿的南斗。苏东坡在《赤壁赋》里也写"月出于东山之上，徘徊于斗牛之间"，月亮沿着二十八宿走，会经过斗宿，但是跟北斗永远不会挨着。我们在网上看到月亮的照片，可以先看看旁边的星空，如果跟北斗在一起，照片百分之百是假的。

斗宿和牛宿为啥总是一起出现呢？当然也有一个故事。晋朝的时候有人发现"斗牛之间常有紫气"，请了懂行的人一看，说这是宝剑的剑气啊！我们前面讲星空分野时说过，二十八宿天区跟地面的地理分区是对应的，仔细一算，这宝剑在豫章丰城，也就是现在的江西省丰城市。后来就派这个懂天文的人去做丰城令，他到了地方就开始挖坑，有人说挖了四丈深，有人说挖了两丈深，总之是挖出了一对宝剑。这个故事大多数人可能不熟悉，但是宝剑的名字一定都听说过，一把叫龙泉，一把叫太阿（tài ē）。因为后世武侠小说和玄幻小说太流行，现在一说"剑气"都是指武林高手的战斗技巧，其实古代用"剑气"这个词，一般是形容一个人才华横溢，就像这一对宝剑一样就算深埋在地底，还是能够"龙光射牛斗之墟"，为天下人所见。

　　关于二十八宿还有一个成语，叫"箕风毕雨"，就是苍龙七宿里最后的箕宿和白虎七宿里倒数第三个毕宿。这个词后来也跑偏了，用来形容当官的体察民情，因为古书里说"箕星好风，毕星好雨"，星宿各有所好，天人合一，落实到人间那就是百姓也各有所好，当官的施政要顺应百姓的不同需求，这叫"箕风毕雨"。其实根本不是这么回事。《尚书·洪范》中说"毕星好雨"，《诗经》中说"月离于毕，俾（bǐ）滂沱矣"，但这跟毕宿有没有什么偏好没关系。这里的"离"是满月的意思，满月出现在毕宿，这说明太阳在二十八宿的另一边，差不多就是在心宿的位置。算一下几千年前，太阳走到心宿就是在夏天雨水最多的时候，所以满月出现在毕宿的那一个月，当然就会下雨。同样的道理，满月出现在箕宿的那一个月，也正是冬季北风呼啸的时候。"云从龙，风从虎"，其实跟"箕风毕雨"是同一个意思，到了特定的季节，会出现特定的天象，也会出现对应的天气。只不过"云从龙，风从虎"，关注的是星座，而"箕风毕雨"关注的是满月位置而已。满月在星空中的位置，一年里随着太阳的运行在二十八宿间不停变化，每个月都不一样，这不难想象，而满月的高度也是每个月都不一样的。因为满月的位置总是跟太阳位置相对，太阳的高度一年四季都在变化，总是夏至的时候最高，冬至的时候最低。而满月的高度就反了过来，在夏至的时候最低，冬至的时候最高。每年冬至前后的满月，差不多接近天顶。古诗中说"人生几见月当头"，到底几见呢？一年一见嘛。

参商和箕风毕雨都是在天文学上仔细一想确实有道理的典故。还有一个文学家爱用的词，就基本上没什么道理。我们小时候写作文，可能都用"光阴似箭，日月如梭"当过开头，后来长大一点儿，形容时间流逝就写"星移斗转"，这都没有问题。不过古人形容时间还喜欢用另一个词来暗示，说"参横月落"或者"参横斗转"，参宿刚升起来的时候是竖着的，到了西边快落下去的时候就横了过来，意思是长夜将尽，天快亮了。秦观写梅花，说"月没参横画角哀，暗香消尽令人老"。《长生殿》里杨贵妃也说："你看河斜月落,斗转参横,不免回去罢。"但实际上呢?第一,同一个星座每天升起来的时间不一样,每天都要比前一天提早一点儿,于是一年四季看到的星空都是不同的。参宿星座也不例外,它每年只有一个月左右是在天快亮的时候落下去,其他时候要么更早,要么更晚。第二,月亮每天落下去的时间也不一样。新月的时候,月亮跟太阳一起升起,一起落下。满月的时候,月亮在太阳落山时升起,日出时落下。一个月里只有满月前一两天,月落之后很快就要天亮。因此能用"参横月落"来形容天快亮了的日子,一年里也就一二十天。但是历朝历代那么多文化人,都把这个词用来代指天色将明,可以说是一个流传千古的误会。

最早的时候,古代天文学集历法和占卜于一身,由帝王本人掌握。后来这门学问渐渐变得专门,由专门的天文官员负责,但历法和占卜还是不曾分开。天文学家从天象中解读出的信息,都是与国家政治相关的大事,帝王也需要表现出在各方面与"天道"符合,来证明自己握有"天命"。由此,史书对天象观测做出了详尽、持续的记载,日积月累的观测记录,是中国古代天文学最辉煌的成就之一。

中国古代的天文学,或许不能像现代天文学那样被看作一门科学,但它几千年来持续影响着中国古代的社会与文化,不断悄悄塑造着华夏民族的世界观。直到现在,我们日常生活中的时令习俗、饮食习惯、日常用语，都能推敲出与星空和宇宙的联系。我们生活在"中国"，放眼"天下"，这样的状态已经持续了四千多年，还会一直持续下去。

/ 致 谢 /

在本书成书和出版的过程中，白沙沙和李明钗两位老师付出了大量的心血和努力，他们不仅参与了本书的内容规划，提供了大量的珍贵资料，还积极帮助联系出版。在此对两位老师表示衷心的感谢。